液晶电视机原理与维修技能训练

主　编　黎振浩　欧　儒　李春生
副主编　陈光伟　梁　斌　黄　伟

北京理工大学出版社
BEIJING INSTITUTE OF TECHNOLOGY PRESS

内容简介

本书共有6个项目，由液晶电视机结构和工作原理、液晶电视机电源电路、液晶面板组件检修、液晶电视机逆变电路、液晶电视机逻辑与控制电路、液晶电视机综合故障检修等项目内容组成。每个项目均将理论知识点与技能活动有机结合，融为一体，将应用能力的培养理念贯穿于整个教学过程。采用实物图与电路图双重图解的方式，以市场上品牌液晶电视机作为维修实例，从实际问题出发，采用学练结合的一体教学模式，全面讲解了液晶电视机的结构、工作原理、维修方法和维修技能。

图书在版编目（CIP）数据

液晶电视机原理与维修技能训练/黎振浩，欧儒，李春生主编. —北京：北京理工大学出版社，2018.12（2022.8重印）

ISBN 978-7-5682-5286-7

Ⅰ.①液…　Ⅱ.①黎…　②欧…　③李…　Ⅲ.①液晶电视机-理论-教材②液晶电视机-维修-教材　Ⅳ.①TN949.192

中国版本图书馆CIP数据核字（2018）第247761号

出版发行／北京理工大学出版社有限责任公司
社　　址／北京市海淀区中关村南大街5号
邮　　编／100081
电　　话／（010）68914775（总编室）
　　　　　（010）82562903（教材售后服务热线）
　　　　　（010）68944723（其他图书服务热线）
网　　址／http：//www.bitpress.com.cn
经　　销／全国各地新华书店
印　　刷／廊坊市印艺阁数字科技有限公司
开　　本／787毫米×1092毫米　1/16
印　　张／9.5
字　　数／220千字
版　　次／2018年12月第1版　2022年8月第3次印刷
定　　价／29.00元

责任编辑／张鑫星
文案编辑／张鑫星
责任校对／周瑞红
责任印制／李志强

前　言

本课程是电子电器应用与维修专业核心主干课程之一，是家电维修专门化方向的必修课。通过本课程的学习使学生掌握液晶电视机技术的基本知识和液晶电视机的基本原理，掌握电路中主要器件的作用与功能，培养学生具备对液晶电视机常见故障的分析、判断和检修的能力，逐步培养学生自主解决实际问题的能力，使学生具备良好的职业素养，进一步提高学生适应社会能力。

本书共有6个项目，从学校实际情况出发，本课程按照教、学、做一体化的思想进行设计，以项目为载体，以任务为导向。围绕以培养学生能力为重点，以技能提升为目的，采用学与练结合的教学方法，强调学生的动手能力和团队合作精神，重视学生在校学习和实际工作的一致性。

本书正是从实际问题出发，采用学练结合的一体教学模式，全面讲解了液晶电视机的结构、工作原理、维修方法和维修技能。

我国家电维修行业推行等级考核和持证上岗的规定，各大家电企业在招聘售后服务维修人员时要求具备相应资格方可就业，以规范家电维修行业，提高从业人员的技术水平。

为此，我们尽可能地把相关的理论知识点与维修技能融合起来，知识点力求通俗简明，维修技能训练活动紧密贴近实际。

由于编者水平有限，时间紧迫，书中难免存在一些缺点和错误，敬请读者批评指正。

编　者

前言

[illegible]

[illegible]

[illegible]

[illegible]

[illegible]

由于编者水平有限，时间紧迫，书中难免存在一些缺点和错误，敬请读者批评指正。

编者

目　录

项目1 液晶电视机的结构及其工作原理

本项目主要介绍液晶电视机的发展过程、基本结构及其工作原理，液晶电视机接口的认识与连接及液晶电视机的拆卸。

学习目标

1. 了解液晶电视机的基本结构及其工作原理。
2. 熟悉液晶电视机的整机结构和单元功能。
3. 学会液晶电视机各类端子的连接。
4. 熟练对液晶电视机进行拆卸。

1.1 液晶电视机的发展过程

液晶电视机的发展过程是屏幕由小到大、功能由少到多、结构由繁到简。

1. 早期的液晶电视机

早期液晶电视机的特点是组件板多，有的无电源板（采用外置电源适配器）。图1－1所示为一款早期液晶电视机的内部结构，包括液晶显示屏组件、逻辑板、背光灯升压板、高频调谐器、中频组件板、AV组件板、数字组件板、前控组件板、接收组件板、喇叭等。

2. 新型的液晶电视机

新型的液晶电视机，除对功能升级改进（如增加了画中画功能、USB接口、小卡接口等）外，还把两块或多块电路板整合到一块电路板上。例如，把数字组件板与中频组件板，甚至高频调谐器、AV组件板整合到一起，称为主信号处理板；有的小屏幕的液晶电视机则把电源板和背光灯升压板整合成一块板，称为电源背光二合一板或IP板；有的大屏幕液晶电视机把背光升压板由一块增加到两块。

（1）高频调谐器＋中频组件板＋AV组件板整合的液晶电视机。图1－2所示为高频调谐器＋中频组件板＋AV组件板整合的液晶电视机，这种电视机的信号板上包括了主画面、子画面图/声信号的接收及模拟处理功能，图像信号的数字处理则由数字组件板进行。

（2）数字组件板＋信号板整合的液晶电视机。图1－3所示为数字组件板＋信号板整合的液晶电视机，把数字组件板与高频调谐器、中频组件板、伴音板、AV组件板等所有图声信号处理板全部整合到一起，称为主信号处理板，简称主控板或主板。

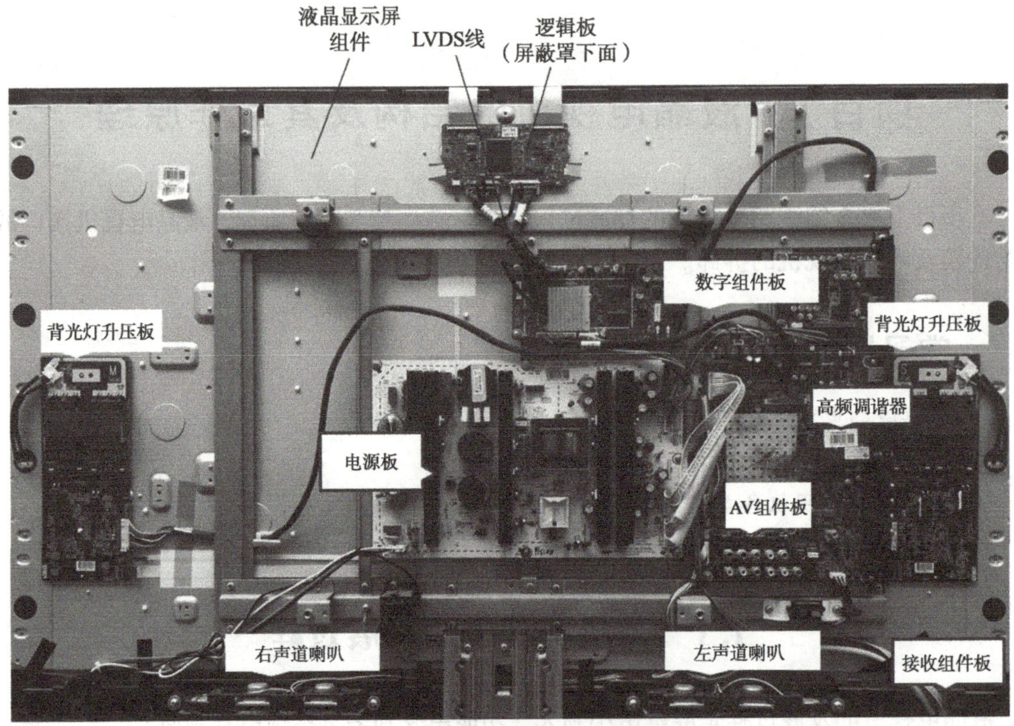

图 1－1　早期液晶电视机的内部结构

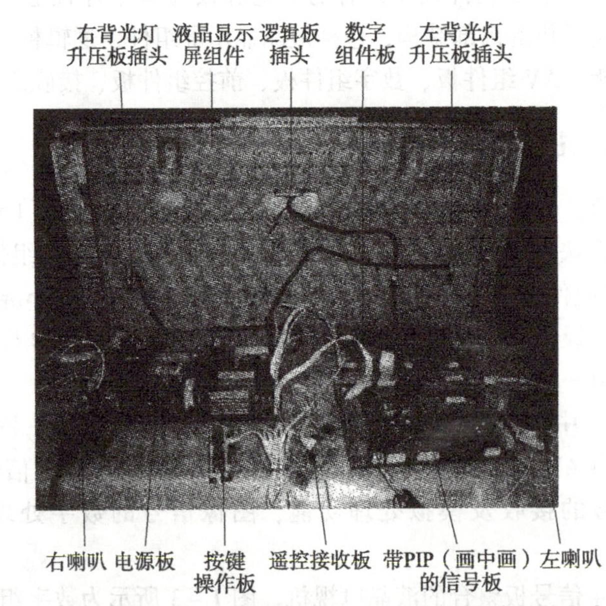

图 1－2　高频调谐器＋中频组件板＋AV 组件板整合的液晶电视机

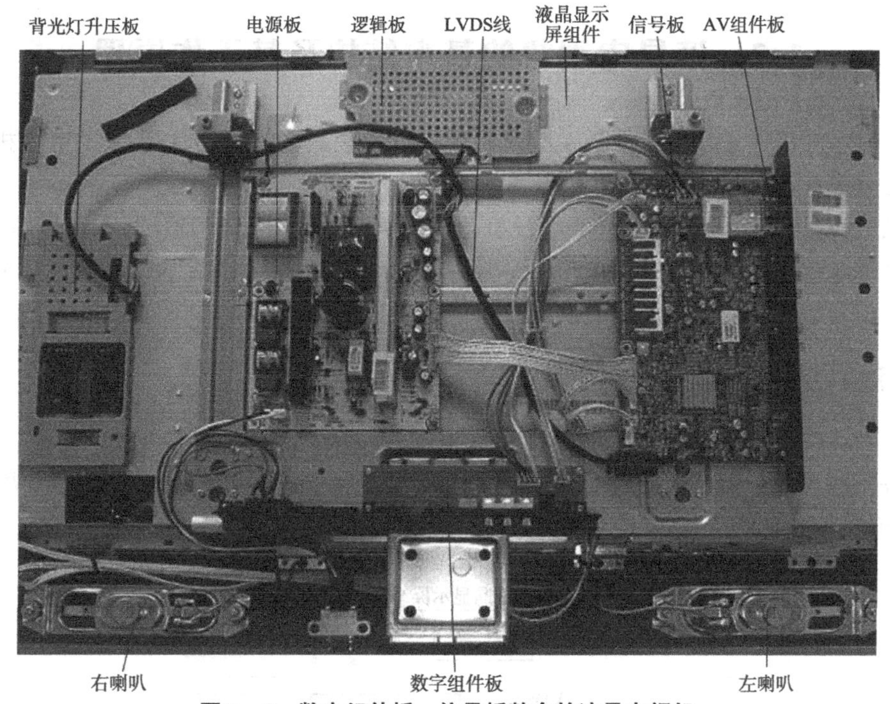

图1-3　数字组件板+信号板整合的液晶电视机

图1-3所示的主信号处理板上整合了图声信号所有电路。

(3) 电源板+背光灯升压板整合的液晶电视机。如图1-4所示，把背光灯升压板和电源板做到一块电路板上，称为“IP整合”，即取背光灯升压板的逆变器Inverter、电源板Power的第一字母。

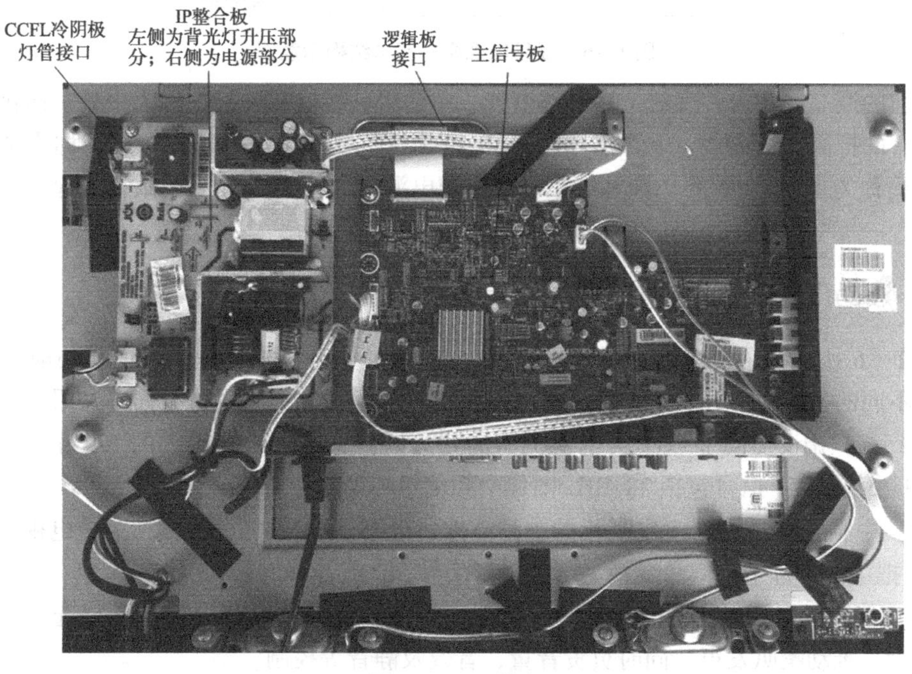

图1-4　IP整合

1.2　液晶电视机的基本结构及其工作原理

液晶显示屏组件 + 几块组件板 + 喇叭，便构成了液晶电视机，这比 CRT 电视机要简单得多，有点像计算机的主机。

液晶电视机的工作原理与 CRT 电视机比较，其接收、处理伴音信号的过程基本相同，接收、处理电视信号的前期过程也相同，但后期过程除采用液晶显示屏作为显示器外，还增加了视频信号数字化处理、格式变换、液晶显示控制等过程。

1. 液晶电视机的基本结构

图 1－5 所示为液晶电视机的基本结构示意图，包括液晶显示屏组件、电源板、逻辑板、背光灯升压板、伴音板、数字组件板、高频调谐器、中频组件板、AV 组件板、按键/遥控板（前面板）、喇叭等。

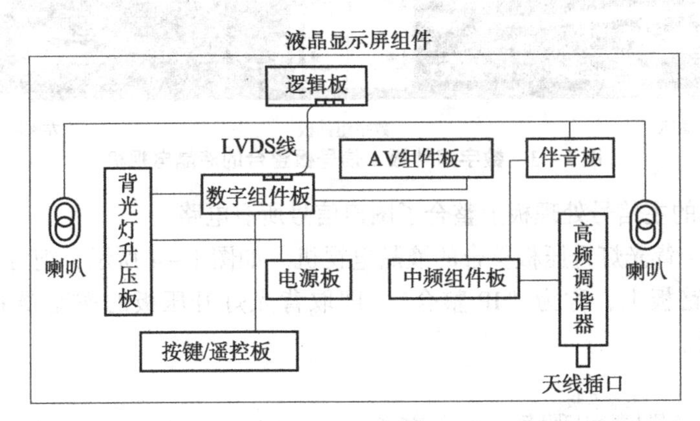

图 1－5　液晶电视机的基本结构示意图

目前的液晶电视机，有的把高频调谐器、中频组件板做在一起，称为中频一体化高频调谐器；有的把高频调谐器、中频组件板、AV 组件板、数字组件板做在一起，称为主信号处理板（简称为主板）；有的小屏幕液晶电视机把电源板和背光灯升压板做在一起，称为电源背光二合一板（IP 板）。

2. 液晶电视机的基本原理

图 1－6 所示为液晶电视机的电路框图。与 CRT 类电视相比，图声信号的前期处理相同，所不同的是成像部分。下面对液晶电视机各组件板的功能原理进行简单介绍。

（1）高频调谐器同于 CRT 类电视机的高频调谐器，即把天线输入的 RF 射频信号变换为 IF 中频信号，IF 信号包括 38 MHz 图像中频信号和第一伴音信号。

（2）中频组件同于 CRT 电视机的中频组件，把 38 MHz 图像信号变换为全电视视频信号 CVBS，把第一伴音中频信号变换为第二伴音信号 SIF 或音频信号 AUDIO。

（3）伴音板把第二伴音信号进行检波还原出音频信号，对音频信号进行选择切换及功率放大后，推动喇叭发声，同时负责音量、音效及静音等控制。

（4）AV 组件板基本同于 CRT 电视机的，根据用户要求对外部输入的图/声信号选择通过后，送至数字组件板、伴音板。

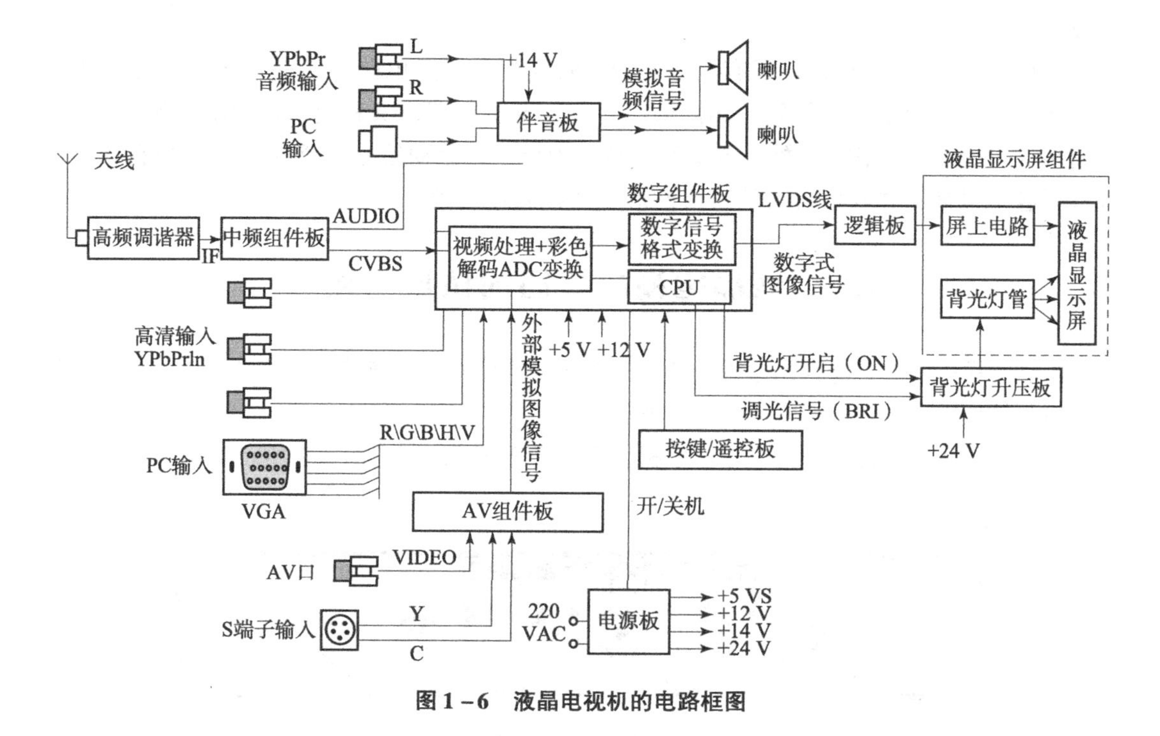

图1－6　液晶电视机的电路框图

（5）数字组件板全称为CPU及数字信号格式变换板，属于液晶电视机特有器件，其功能很强大，既要执行CPU的各项控制，如开/关机控制、背光灯开/关控制、背光灯亮度调整、音量及音效、亮度/对比度/色饱和度/清晰度控制、TV/AV/S－VIDEO/VGA/YPbPr/HDMI/DVI切换，还要对视频信号进行解码、模拟/数字转换、格式变换、液晶显示控制等处理后，输出LVDS低差分数字式图像信号，送至逻辑板。

（6）逻辑板其功能类似CRT电视机视放板（但原理不同），负责把LVDS格式的图像信号转换成液晶显示屏组件能够识别的RSDS格式的数字图像信号，以通过屏内的行、列驱动电路控制液晶显示屏显示彩色图像。

（7）LVDS线类似于CRT电视机去往视放板的连接线。逻辑板通过LVDS线与数字组件板连接。数字组件板通过LVDS线输出几对差分信号和上屏电源（12 V/5 V）。

（8）背光灯升压板又称背光灯高压板、背光灯升压驱动板，简称背光灯板。因背光灯升压板是将直流电压变换为高频高压交流电压，这与开关电源板的作用刚好“相逆”，因此，背光灯升压板又称为逆变器（英文Inverter）。其作用是根据数字组件板的要求，将+24 V（少数为+18 V、+12 V）电源升压为高频高压脉冲，提供给液晶显示屏组件上的CCFL背光灯管，以便点亮背光灯，照亮液晶显示屏，使观众能够看到液晶显示屏显示的彩色图像。

（9）按键/遥控板其结构和工作原理同于CRT电视机的。其上设置有操作按键、遥控接收器。前者将用户指令编码为相应的数码提供给CPU；后者接收遥控器发射的红外遥控信号，依次进行放大、检测，还原出遥控指令编码送至CPU。

(10) 电源板将220 VAC变成+5 V、+12 V、+24 V等稳定直流电压提供给其他组件板。

(11) 液晶显示屏组件内置有液晶面板、背光灯、屏上电路。液晶显示屏面板用于显示图像；背光灯用于对液晶显示屏提供背光源；屏上电路，又称行/列驱动电路，负责把逻辑板送来的RSDS格式的数字图像信号转换为行、列驱动信号，驱动液晶面板在相应位置显示各个像素，并利用人眼的滞留性形成一幅彩色画面。

1.3 液晶电视机接口的认识与连接

液晶电视机的接口电路是指用于各种外部设备或信号进行连接的接口及其外围电路，是电视机与外部设备之间进行联系的信号通道。

液晶电视机的各种接口常位于电视机背面的下部或侧面，图1-7所示为液晶电视机的各种接口。

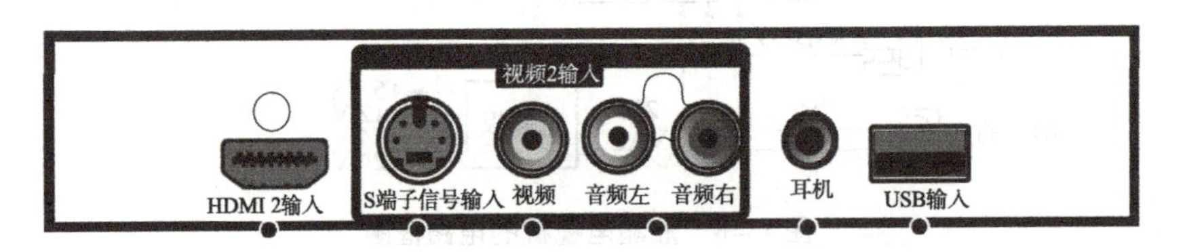

图1-7 液晶电视机的各种接口

1. HDMI 2输入接口

HDMI 2输入接口用于来自高清数字设备（如Blu-ray播放机）的数字音频和视频输入。HDMI 2输入接口连接如图1-8所示。

通过DVI或VGA连接时需要额外的音频电缆，如图1-8所示。

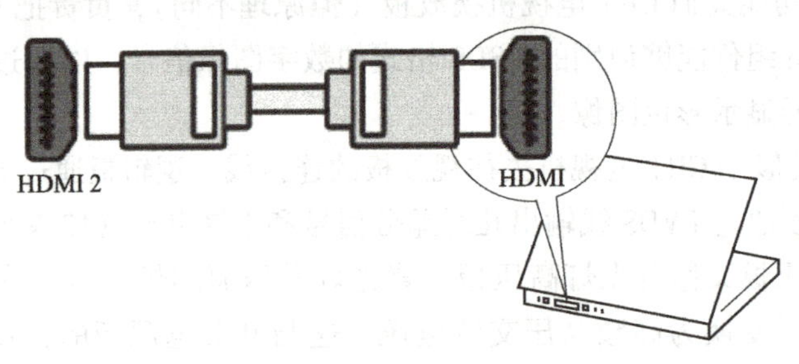

图1-8 HDMI 2输入接口连接

2. S端子信号输入接口

S端子信号输入（侧面）接口应与Audio L/R接口一起用于摄像机、游戏机等，如图1-9所示。将S端子信号输入（侧面）用于视频信号时，不要将复合电缆（侧面）输入口用于视频信号。

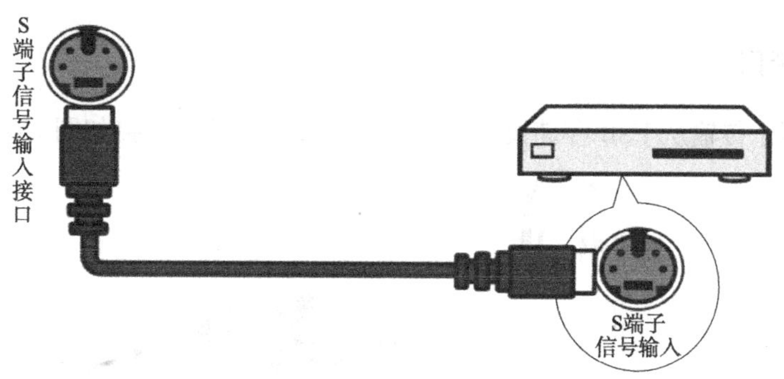

图1-9　S端子信号输入接口连接

3. 视频接口

视频接口用于来自模拟设备（如 VCR）的复合视频输入，视频接口连接如图1-10所示。

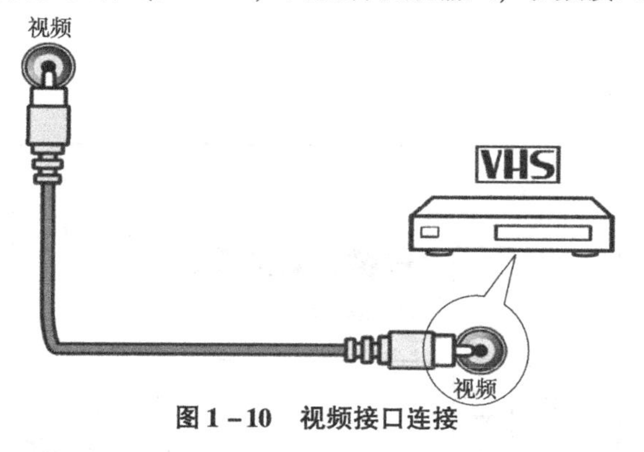

图1-10　视频接口连接

4. 音频左/音频右接口

音频左/音频右接口用于来自 VIDEO 的模拟设备的音频输入。音频左/音频右接口连接如图1-11所示。

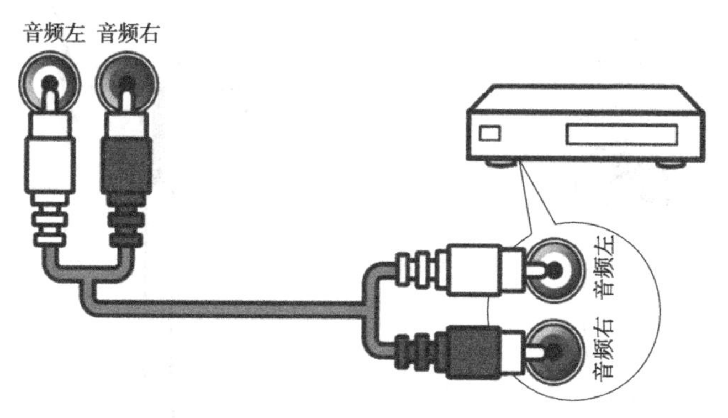

图1-11　音频左/音频右接口连接

5. 耳机接口

耳机接口用于连接耳机，其连接如图1-12所示。如果耳机与接口不匹配，请使用适当的插头适配器（未提供），连接耳机后电视机扬声器会静音。

6. USB 接口

USB 接口用于传输从 USB 存储设备输入的数据。USB 接口连接如图 1－13 所示。

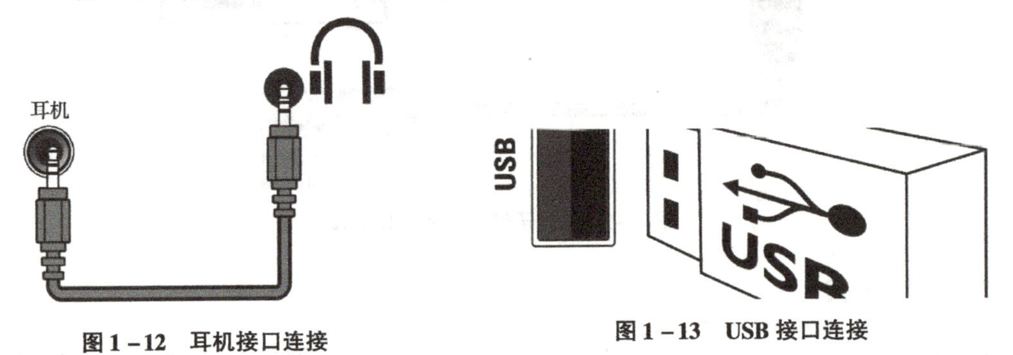

图 1－12　耳机接口连接

图 1－13　USB 接口连接

7. 视频接口

各种视频接口如图 1－14 所示。

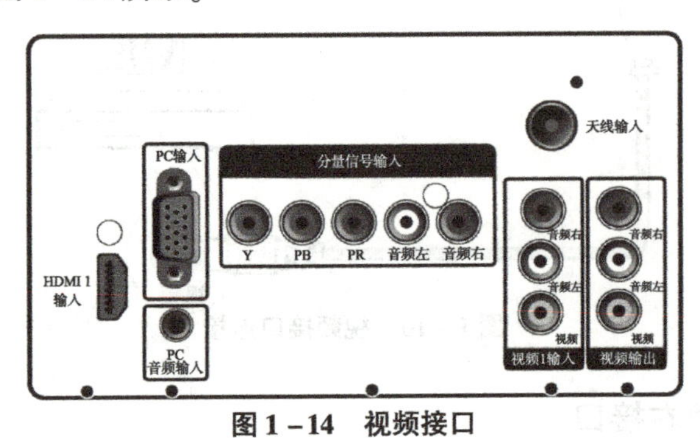

图 1－14　视频接口

1）天线输入接口

天线输入接口用于天线、有线或者卫星输入。天线输入接口连接如图 1－15 所示。

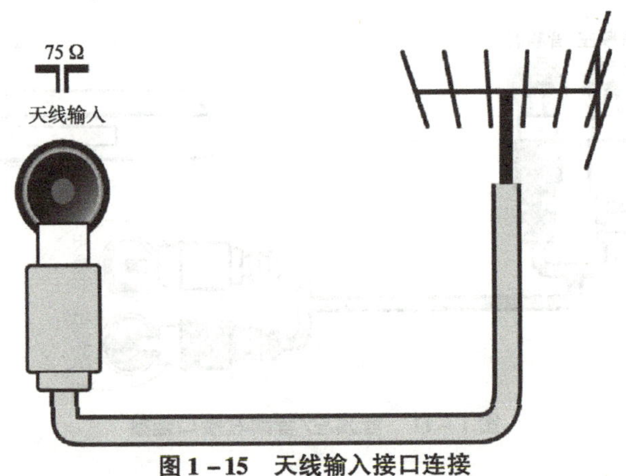

图 1－15　天线输入接口连接

2）分量信号输入接口

分量信号输入接口用于来自模拟或者数字设备（如 DVD 播放机或者游戏机）的模拟音频和视频输入。分量信号输入接口的连接如图 1－16 所示。

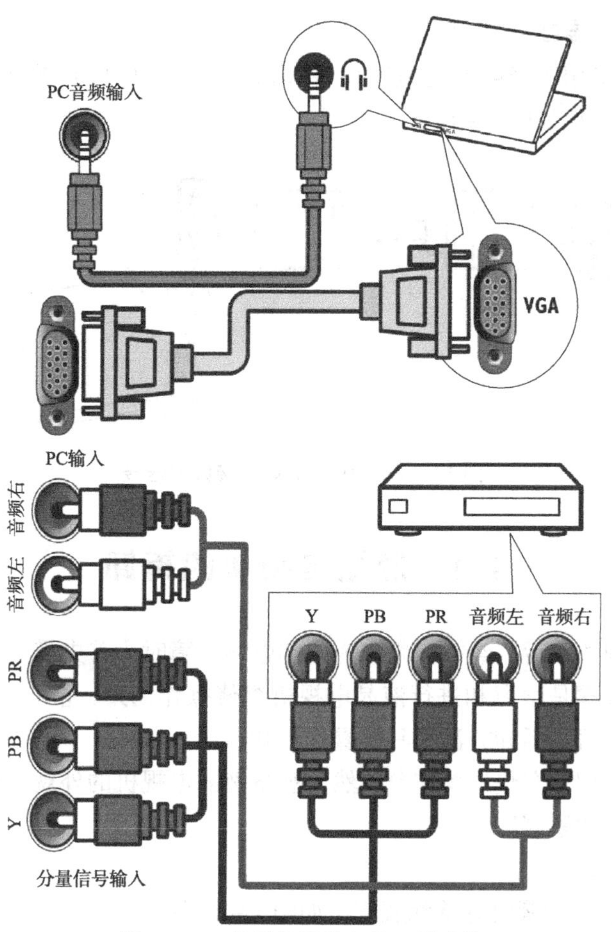

图1－16　分量信号输入接口的连接

3）视频1输入接口

用于连接具有复合视频（Composite Video）功能的视频设备上的输出插孔，音频（L/R）插孔可以将音频源连接到电视机。视频/音频输入接口的连接如图1－17所示。

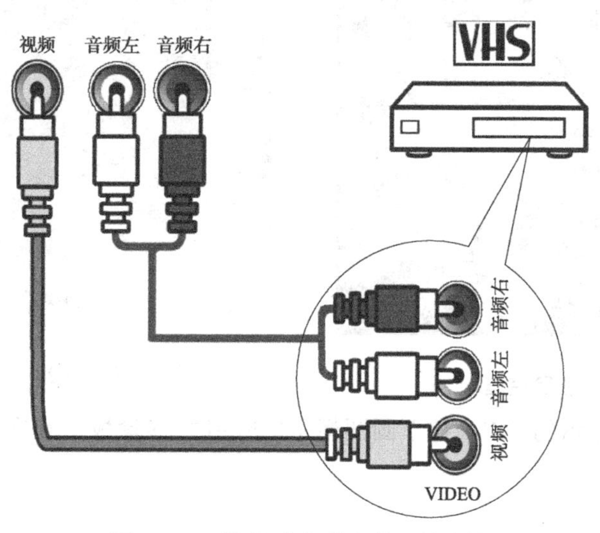

图1－17　视频/音频输入接口的连接

4）HDMI 1 输入接口

HDMI 1 输入接口用于来自高清数字设备（Blu－ray 播放机）的数字音频和视频输入。HDMI 1 输入接口的连接如图 1－18 所示。

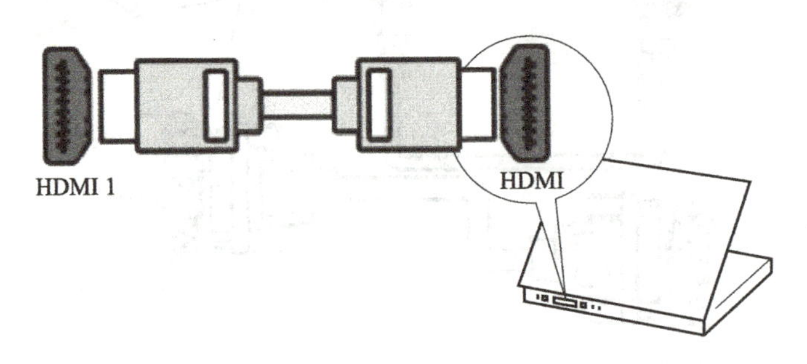

图 1－18　HDMI 1 输入接口的连接

1.4　液晶电视机的拆卸

液晶电视机出现故障后，经初步判断为内部电路故障时，首先需要对其进行拆卸，掌握正确的拆卸方法和步骤是学习和进行液晶电视机维修操作的第一步。下面以 32PFL1200/T3 为例，介绍液晶电视机的拆卸方法和具体操作步骤。

在动手操作前，用软布垫好操作台，然后观察液晶电视机的外观，查看并分析拆卸的入手点以及螺钉或卡扣的紧固部位。

拆卸步骤：

（1）拧下圆圈标示的螺钉并移除底座，如图 1－19 所示。

（2）拧下圆圈标示的螺钉并移除后壳，如图 1－20 所示。取下液晶电视机后壳时，应注意先缓慢用力，抬起边框应注意观察内部的连接线路，不要用力过猛以免连接线路或插头被扯坏。

图 1－19　移除底座

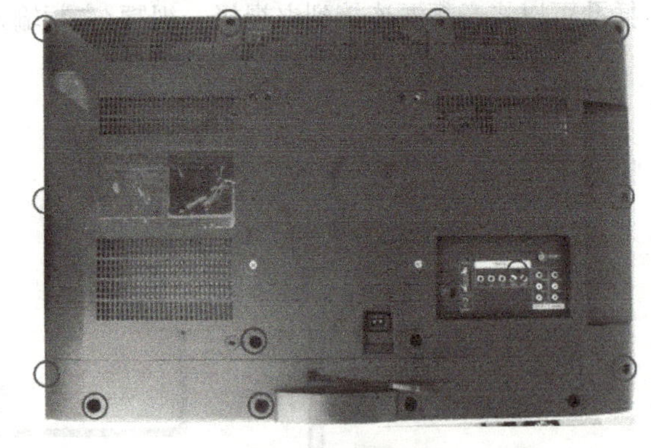

图 1－20　移除后壳

（3）拔掉椭圆标示的 PIN，拧下圆圈标示的螺钉并移除板子和支架铁片，如图 1－21 所示。

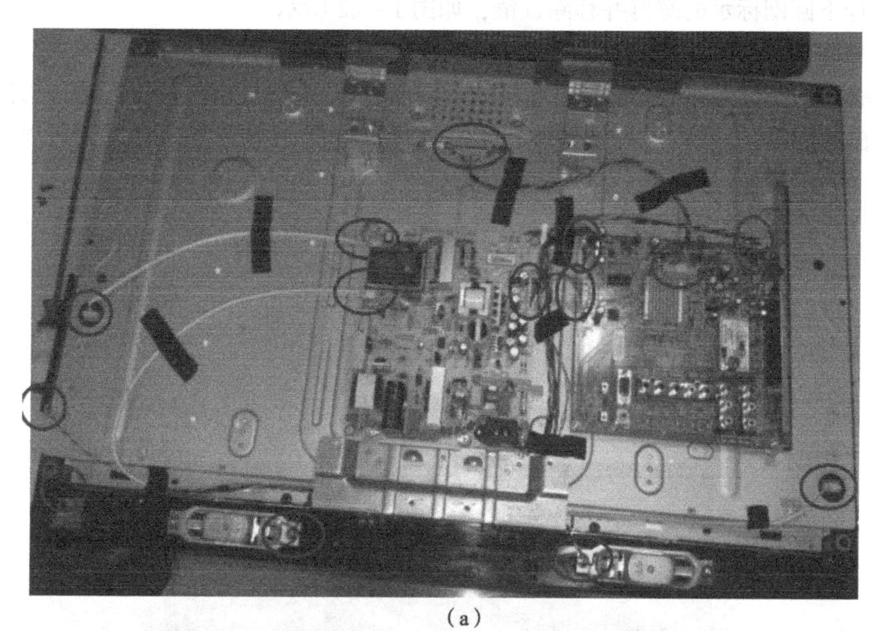

（a）

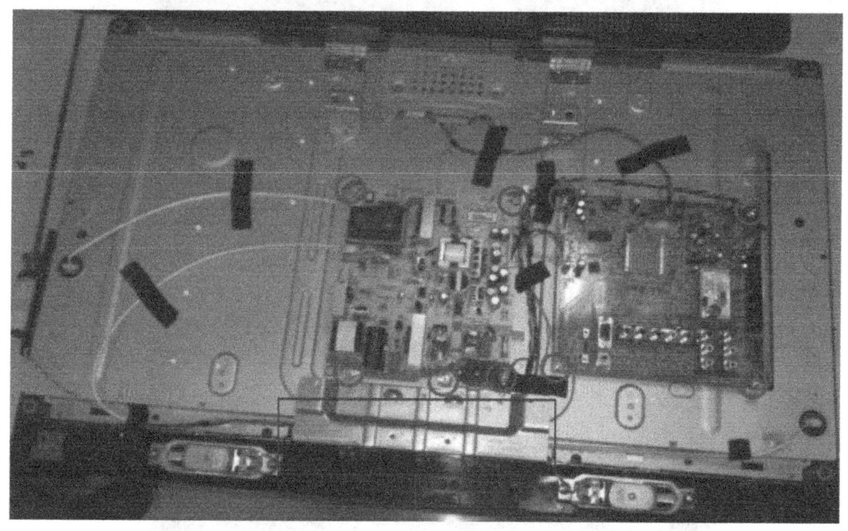

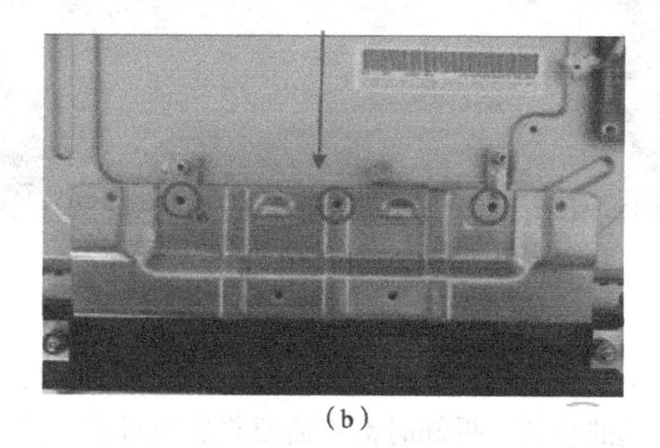

（b）

图1－21　移除板子和支架铁片

（4）拧下圆圈标示的螺钉并移除铰链，如图1－22所示。

（5）移除前框组件，如图1－23所示。

每台液晶电视机内部结构都是不一样的，因此其拆卸方法也有些不同，根据实际情况进行拆卸。在实际维修过程中，也不一定要把所有的组件都拆开，只要拆到可维修的步骤即可。

图1－22　移除铰链

图1－23　移除前框组件

【要点提示】

值得注意的是，并不是所有的液晶彩色电视机拆卸时都需要拆下底座，有些液晶电视机的底座和后壳是连在一起的整体，拆卸时都不需要将底座拆掉，因此需在实际维修中注意观察，具体问题具体分析。

项目2　液晶电视机的电源电路

本项目主要介绍液晶电视机电源板的结构特点，电源板的工作原理，主要元器件的检测、更换方法以及电源电路故障分析与检修方法。由于电源电路是液晶电视机故障的多发区，它的故障率较高，因此掌握液晶电视机电源故障的检修技能是必要的。

学习目标

1. 了解液晶电视机电源板的结构特点。
2. 熟悉液晶电视机电源板的工作原理。
3. 学会液晶电视机主要元器件的检测及更换方法。
4. 掌握液晶电视机电源电路故障的分析和检修方法。

2.1　电源板的结构特点

电源板上的易损件识别方法，一般是先根据器件外形识别出电源板的主要器件类型，其次根据特点性器件的位置大致划分出功能电路区域，在此基础上初步识别出电源板上的易损件。

1. 电源板的主要器件识别方法

1）电源板的器件类型识别

如图2－1所示开关电源板上的主要器件，这些器件从体积、外形、标注参数等就可以识别，无须查阅电路图。

其中的电源模块根据功能分类为：PFC模块、小信号电路供电电源模块、副电源模块、背光灯升压板供电电源模块、PFC＋小信号电路供电电源模块、小信号电路供电电源＋背光灯升压板供电电源模块、PWM脉宽调制器、保护芯片。

各类常见型号如下：

（1）PFC模块：FAN7259、FAN7530，L4981、L6561、L6563，NCP1606、NCP1650、NPC1653、NPC33262，UCC28051、UC3584，TDA4836，SG6961。

（2）小信号电路供电电源模块：L5591、L6599、LD7552、LD7575、NCP1217、NCP1377、NCP1396、NCP5181、TDA16888；F9222、STR－T2268、STR－W6251、STR－W6556、STR－X6769、STR－X6759、STR－T2268、F57M0880、FSCW0765，这几种模块内有开关管。

（3）副电源模块：LD7550、LD7552、UC3843、NCP12037、NCP1207、NCP1271、NCP1377，NCP1013、NCP1014、FSDH321、ICE2A165、Q0265R、VIPER22、STR－A6159、STR－A6351、STR、V152、TNY227、TNY266、TNY267。

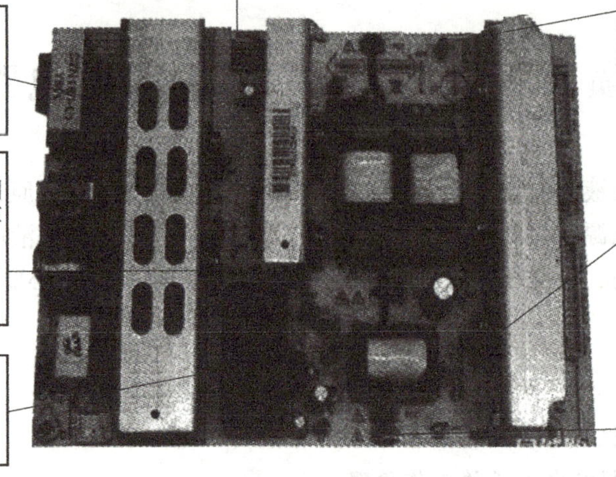

图 2－1　开关电源板上的主要器件

（4）背光灯升压板供电电源模块：STR－5667。

（5）PFC＋小信号电路供电电源模块：ML4800、L6598、LD7575、STR－E1555、STR－E1565、SMA－E1017。

（6）小信号电路供电电源＋背光灯升压板供电电源模块：TEA1532。

（7）PWM 脉宽调制器：UC3845、UC3844、UC3843、UC3842。

（8）保护芯片：LM339、LM393、LM358、LM324。

2）电源板的功能电路划分

如图 2－2 所示，一般根据特点性器件和距离输入/输出插头的远近，对电源板上的器件初步划分为几个功能电路。对于不是很明确的器件，再根据器件引脚的连接大致走向进行确认。

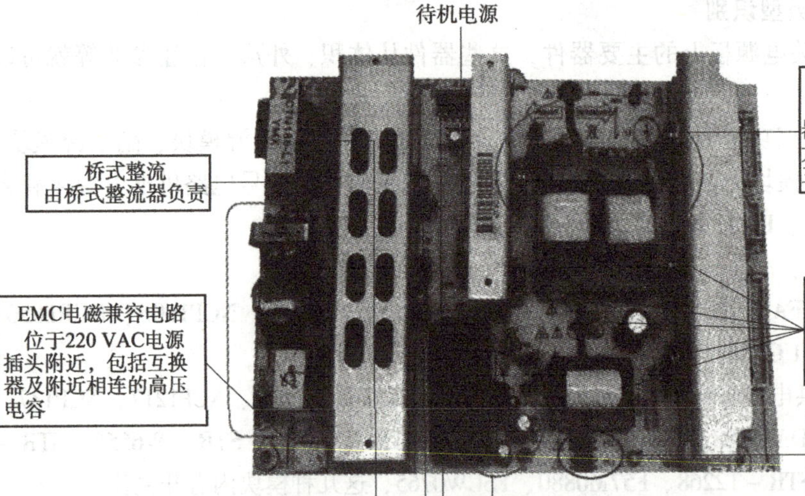

图 2－2　电源板上的主要器件功能的识别

位于220 VAC电源插头、熔断器管附近的大体积器件，一般是EMC电磁兼容即消干扰电路、PFC功率因数校正电路；位于输出插头附近的是副电源、小信号电路供电电源、背光灯升压板供电电源。

220 VAC电源插头、高压电容、压敏电阻、互感器区域的器件组成EMC电路；PFC储能变压器、+380 V滤波电容区域器件组成PFC电路；背光灯升压板变压器及附近大功率MOS管、大电流整流二极管组成背光灯升压板升压供电电源；小信号开关变压器及附近开关管、电源模块区域的器件组成小信号电路供电电源；副变压器及附近的器件组成副电源。

图2－3所示为液晶电视机的电源板。其特点是以分立件为主，且多数器件的体积大、引脚粗、部分还固定在大型散热板上。

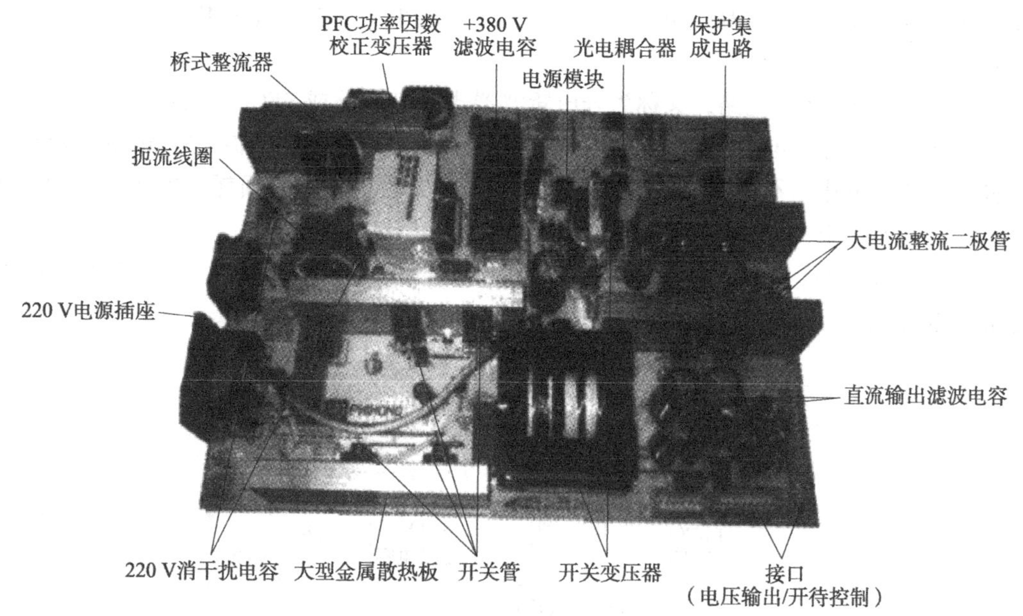

图2－3　液晶电视机的电源板

电源板全称开关电源板，受主信号处理板上的CPU控制，把220 V交流电压变换为稳定的+5 VS、+5 V、+12 V、+14 V、+16 V、+24 V等直流电压，通过插口提供给主信号处理板、背光灯升压板等组件。

具体如下：

（1）+5 VS为+5 V Standby的简写，有的还简写为STB，译为+5 V备用电源，即通常所讲的+5 V待机电源，它提供给主信号处理板上的CPU作为工作电压，是唯一不受CPU控制的电源输出，即只要接通220 V电源，无论开机状态还是待机状态，这个+5 VS均应有输出。

（2）+12 V提供给主信号处理板，少数小屏幕液晶电视机还提供给背光灯升压板。

（3）+14 V提供给主信号处理板或伴音板，作为伴音功放电路工作电压。

（4）+16 V提供给主信号处理板或伴音板，早期的液晶电视机有的还提供给背光灯升压板。

（5）+24 V提供给背光灯升压板。

2.2 电源板的工作原理

PFC 是 Power Factor Correction 的缩写，译为功率因数校正，主要用来表征电子产品对电能的利用效率。功率因数越高，说明电能的利用效率越高，该部分的作用为使输入电流能够跟随输入电压变换。从电路上讲，整流桥后大的滤波电解电压将不再随着输入电压的变化而变化，而是一个恒定的值。

1. PFC 功率因数校正电路

液晶电视机电源板与 CRT 电视机电源板的最大区别，就是增加了功率因数校正电路，用于升压斩波（Boost），提高了电网电压的利用率，减小了电磁干扰 EMI，增加了电磁兼容性 EMC。

如图 2－4 所示 PFC 电路，又称为升压斩波器式 PFC 电路或 PFC 并联开关电源。PFC 电路是在整流元件和滤波电容之间增加一个并联型开关电源，起到对滤波电容隔离的效果，以使滤波电容的充电作用不影响供电线路电流的变化，大大降低线路损耗，提高电能利用率，减小电网的谐波污染，提高电网质量。

当开关 K 闭合时，桥式整流器 BD1 整流输出的电压经过储能电感 L_1，电能以磁能的方式存储在电感 L_1 中，感应电动势为左正右负。

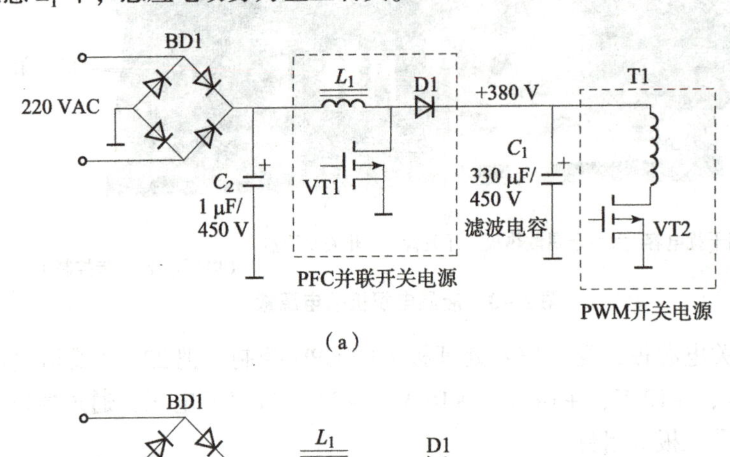

（a）

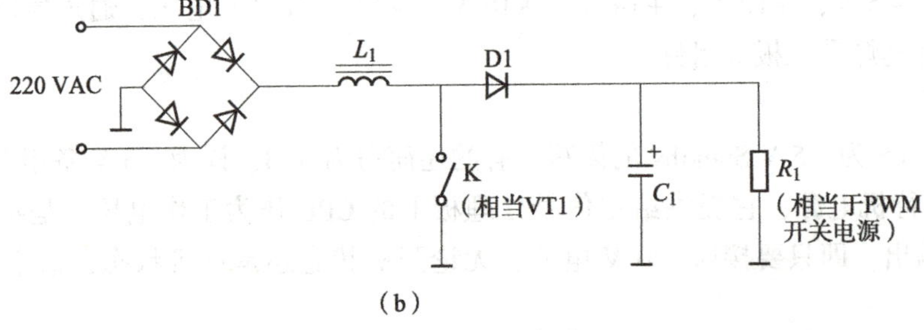

（b）

图 2－4　PFC 电路

（a）实际电路；（b）等效电路

当开关 K 断开时，电感 L_1 上的感应电动势翻转，由磁能转换为电能，左负右正，此电压与桥式整流输出的电压相叠加，形成＋380 V 左右电压向储能电容 C_1 及电阻 R_1 供电。

当开关 K 再次闭合则重复上述过程，但此时由于电容 C_1 存储的电压高于二极管 D1 正端电压使D1截止，所以，二极管的工作是断续的。由于桥式整流器BD1电压与大电感L_1上的电压同时向负载供电，输出电压高达+375～+400 V。当电网电压为220 V时，电压值为+380 V，所以，俗称PFC输出电压为+380 V。

2. 液晶电视机的电源板结构

图2－5所示为液晶电视机开关电源板的基本电路框图，包括EMC电磁兼容、桥式整流、PFC升压斩波、小信号电路供电电源、背光灯升压板供电电源、副电源、开/待机控制等部分。

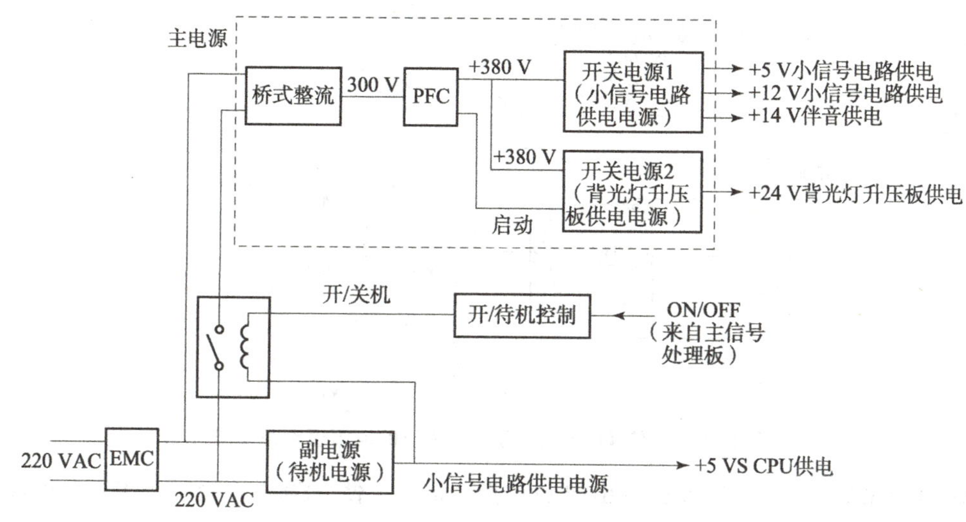

图2－5 液晶电视机开关电源板的基本电路框图

从图2－5中可以看出，这种电源与CRT电视机的开关电源结构很类似，不同之处在于：

（1）增加了PFC功率因数校正电路，把桥式整流器输出的+300 V电压升高到+380 V左右。

（2）增加了背光灯升压板供电电源。

（3）电源板输出的电压低，一般输出+5 V、+12 V、+24 V，有的还输出+14 V、+18 V。

3. 电源板的工作原理

图2－6所示为海信TLM3277液晶电视机的电源板电路简图。从图2－6中可以看出，其中的EMC电磁兼容、桥式整流、副电源、开/待机控制功能电路的结构基本同于CRT电视机，这里不做介绍，仅对特殊的PFC、PWM开关电源、背光灯升压板供电电源进行介绍。

（1）PFC的工作电路由储能电感TE001、整流二极管DE004、滤波电容CE019、场效应管QE001、三极管VE001、电源模块NE001 SMA－E1017组成。

220 VAC电压经熔断器管、EMC电磁兼容电路、整流器BE001整流、EC003滤波电容形成+300 V不稳定直流电压，由DE017二极管送电源模块NE001 SMA－E1017的12脚，启动内部的振荡电路开始工作，由15脚输出PFC信号，由2脚输出PWM脉宽调制信号。

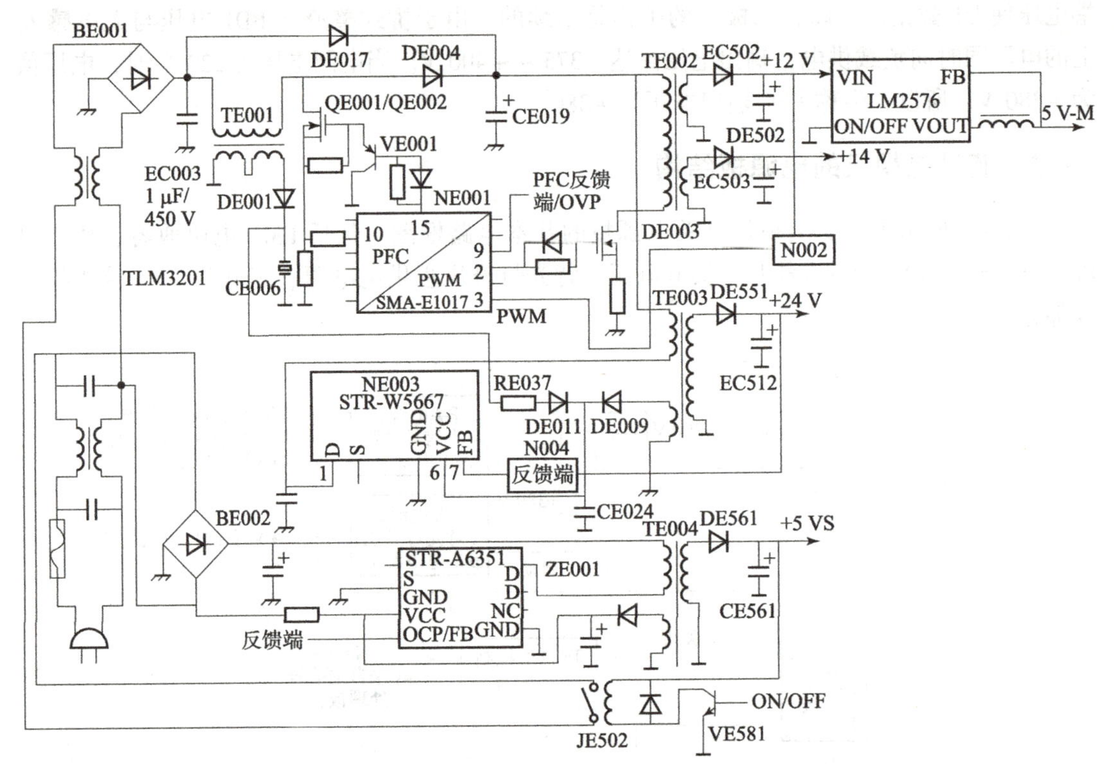

图 2－6　海信 TLM3277 液晶电视机的电源板电路简图

NE001 SMA－E1017 的 15 脚输出的 PFC 控制信号，使 VE001 三极管、QE001 场效应管按要求轮流导通、截止，以使＋300 V 不稳定电压通过 TE001 储能变压器（又称储能电感）、DE004 升压二极管、CE019 滤波电容，进行升压滤波处理后形成＋380 V 左右，分别通过 TE002、T003 开关变压器，提供给 QE003 开关管、NE003 STR－W5667 背光灯电源模块的 1 脚，作为 PWM 电源、背光灯升压板电源的供电电压。

（2）小信号供电电源电路由开关变压器 TE002、开关管 QE003、电源模块 NE001 SMA－E1017、光电耦合器 N002 等组成。

电源模块 NE001 SMA－E1017 由 2 脚输出的 PWM 脉冲，送至 QE003 开关管放大，TE002 开关变压器降压后由次级输出，再经 DE501、EC501 等整流滤波，形成＋12 V、＋14 V电压。

＋12 V 电压一方面经 LM2576 稳压为＋5 V－M，提供给主信号处理板的 CPU；另一方面经 N002 光耦合器取样后，反馈给电源模块 NE001 的 3 脚作为稳压信号，以自动调控 2 脚输出的 PWM 脉宽，以保证开关电源输出的电压稳定。

小信号供电电路工作后，其输出的＋5 V－M、＋12 V、＋14 V 启动主信号处理板工作，使小信号供电电源的工作电流增大，此电流流经 PFC 电路的储能变压器 TE001 的初级时，会在其次级形成感应脉冲输出，经二极管 DE001 整流、CE008 滤波、RE037 降压后，再经 DE001 提供给 NE003 STR－W5667 电源模块的 6 脚 VCC，作为背光灯升压板供电开关电源的启动信号。

（3）背光灯升压板电源电路由专用电源模块 NE003 STR－W5667，开关变压器 TE003、NE004 组成。

当PFC电路和小信号供电电源工作后，PFC电路对NE003 STR－W5667的6脚提供的电压达到启动阈值16 V时，NE003 STR－W5667电源模块开始工作，在1脚（内部开关管D极）形成高频脉冲，经TE003变压器降压后由其次级输出，再经DE551整流、CE512滤波，形成+24 V电压，提供给背光灯升压板。

光电耦合器NE004，对+24 V电压取样后，反馈回NE003电源模块的7脚，作为稳压信号，以自动调整1脚输出的脉冲宽度，达到电源输出电压的稳定。

当整机工作后，液晶显示屏上的灯管点亮，电源模块NE003 STR－W5667的工作电流增大。这时，PFC变压器次级提供的启动电压不再能满足NE003正常工作需求，所以，TE003的6脚输出的脉冲会经DE009整流、CE024滤波后形成+22 V电压，提供给NE003的6脚，以满足NE003正常工作所需的电压。

2.3　测试电源电路的关键点

1. 电源板的工作条件

图2－7所示为液晶电视机电源板的工作条件。虽然液晶电视机的型号众多，输出电压、输出电流、接口方式及引脚排列不同但工作条件却相同，包括：220 VAC电源输入、输入开/待机控制信号、带有一定的负载。

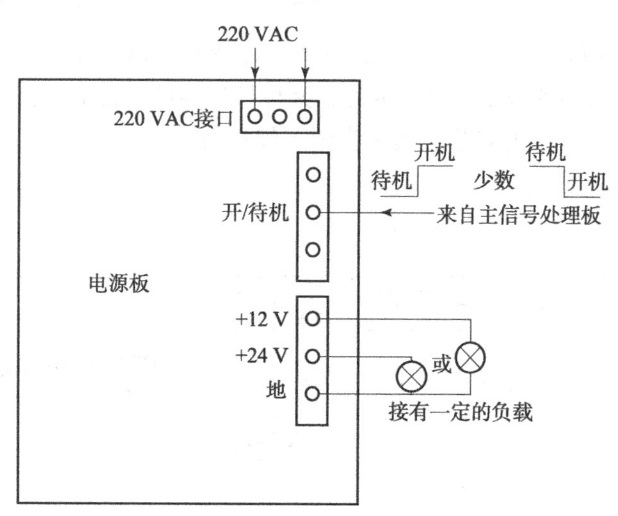

图2－7　液晶电视机电源板的工作条件

（1）220 VAC电源输入。电源板输入的220 VAC，在液晶电视机允许的电压范围即为正常。

（2）开/待机控制信号。开/待机控制信号，一般标注ON/OFF（开/关），或Standby（待命的）及简写STAND、STB、S，或Power（电源）。该信号为高、低电平形式，如高电平为开机，低电平为待机，反之相反。

（3）+24 V或+12 V输出端带有一定的负载。+24 V或+12 V输出端之所以要求带有一定的负载，是因为液晶电视机为了提高电网电压利用率、增强EMC电磁兼容性、减小电磁抗干扰EMI，在电源板上增加PFC功率因数校正电路，这个电路具有负载检知功能，当检测到电源板空载时，会自动关闭主电源，停止输出+12 V或+24 V电压，所以电源板正常工作必须带有一定的负载。

注意： 也有个别电源板可以空载维修，如海信 TLM3270 液晶电视机所用的电源板。

2. 电源板的单独检测

液晶电视机电源板的单独检测，就是把电源板从液晶电视机拆卸下来，人为模拟对电源板提供工作条件（包括 220 VAC 电源输入、开/待机控制信号输入、安装假负载）后，再对电源板进行单独测试。

（1）负载的种类。图 2 -8 所示为可作为电源板的假负载器件，包括 36 V 电动车灯泡、12 V/35 W 摩托车灯泡、39 Ω/5 W 电阻。

图 2 -8　可作为电源板的假负载器件

（a）36 V 电动车灯泡；（b）12 V/35 W 摩托车灯泡；（c）39 Ω/5 W 电阻

（2）单独测试电源板的方法。如图 2 -9 所示，先人为对电源板提供以下三项工作条件，再测试电源板接口的各输出电压，因此，又称模拟测试。正常时，模拟开机状态下电源板接口的各电压输出端的电压应等于其标注值；模拟待机状态下仅 +5 VS 输出端为 +5 V，其他电压的输出端应为 0 V。

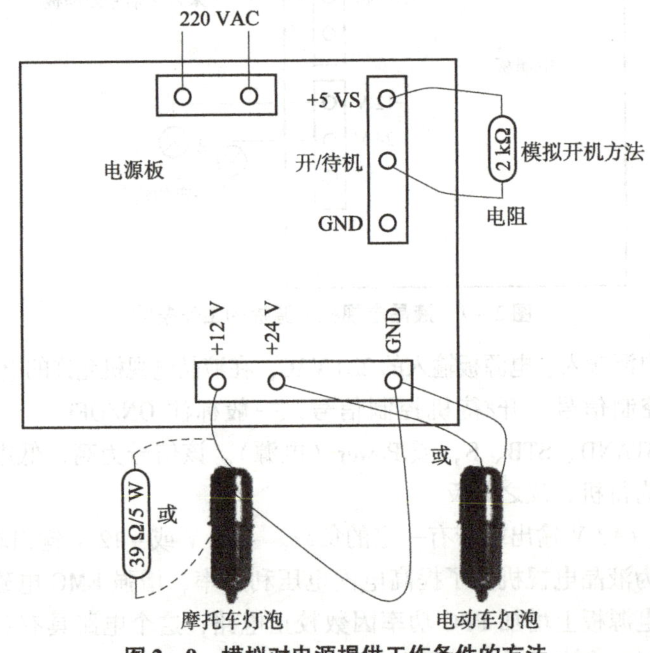

图 2 -9　模拟对电源提供工作条件的方法

① 模拟输入开/待机控制信号的方法。即人为对电源板接口中的开/待机脚提供高电压或低电压，该脚一般是高电平为开机、低电平为待机。如在接口的 +5 VS 脚与开/待机控制脚接入一只 2 kΩ 电阻，就可形成模拟开机信号；如在接口的开/待机控制脚与地（GND）短路，则形成待机控制信号。

② 在 +12 V 或 +24 V 输出端与地之间接入相应的假负载。+24 V 输出端的假负载，一般选择 36 V 电动车灯泡或 39 Ω/5W 电阻；+12 V 电源输出端假负载可选择 12V/35 W 摩托车灯泡。

③ 单独输入 220 VAC。在电源板的 220 VAC 插头安装电源线，并接入 220 VAC。

2.4 电源板常见故障的检修

1. 液晶电视机的电源板检修原则

（1）弄清单元电路的工作顺序。

为了节能，液晶电视机电源板上的单元电路投入工作的顺序有先后之分，且前面单元电路正常工作是后面单元电路启动的前提。其工作的先后顺序为：EMC 电路→PFC 电路→小信号电路供电电源→背光灯升压板供电电源。

电源板接通电源后，EMC 电路副电源（待机电源）就开始工作，输出 +5 VS 电压给主信号处理板上的 CPU，CPU 开始接收、处理用户指令。

当按开机键后，主板上的 CPU 输出开机指令，PFC 电路开始工作，将 +300 V 脉动直流电压转换成正常的 +380 V 直流电压后，启动小信号电路供电电源工作，形成 +12 V 等直流电压，启动主信号处理板上的电路全面工作。对小信号电路供电电源形成一定的负载，小信号电路供电电源的工作电流增大，此电流流过 PFC 电路的 PFC 储能变压器初级，会在 PFC 储能变压器次级形成相应的感应电压，经整流滤波形成相应的直流电压，作为背光灯升压板供电电源的启动电压，启动背光灯升压板供电电源开始工作，输出 +24 V 电压，至此电源板上的电路全面工作。

（2）独立电源板维修时需模拟的工作条件。

维修时，电源板接口的开/关控制脚与 +5 VS 电源输出端之间接入一只 2 kΩ 左右的电阻，或接地短路，就可模拟对电源板提供开机、待机指令。

在电源板 +24 V 输出端与 GND 脚接一只电动自行车的 36 V 灯泡作假负载，或在 +12 V 输出端与 GND 地端接一只摩托车灯泡作假负载。

（3）根据熔断丝状态初步划分故障范围。

通常 PFC 校正电路中的开关等没有失效。在测量 100～330 μF/450 V 大电解电容对地是否存在短路时，如果有几十千欧以上充电电阻，表示电容没有击穿。

如果熔断器管损坏，需重点考虑熔断器管后接的下列器件是否击穿、漏电，如压敏电阻、桥式整流器、PFC 管、电源开关管或模块、100～330 μF/450 V 大滤波电解电容。

（4）关注靠近发热元件的电解电容。

由于主信号处理板需要的供电电压都比较低（+12 V、+5 V），但对电源的滤波效果要求比较高。对于使用时间长的一些机子如出现刚开机一亮即灭，或者是平时开机工作时画面轻微的忽明忽暗现象，有时能开机有时不能开机，极有可能是电源供电不足造成，应重点检查滤波电路，主要是靠近发热元件及固定在散热板的电解电容，也可用外接电容并联上去试机。

另外，如果接入假负载后，电源输出电压反而上升，多属于电源滤波不好引起的。

(5) 拆机前看主要器件有无外在损坏。

要查看器件有无炸件、烧焦，对于模块、电容还要看有无鼓包现象，如有任意一种情况，应先更换并把相关的器件全部测量一遍。建议更换所有损坏器件后试机时，最好在电源板的220 V输入电源串入一只220 V/100 W灯泡，这样可以有效防止再次炸件，也不影响电源板的工作。

(6) 手不能触及高压高温区域。

电源板上，贴有黄色三角形标记的散热片以及散热片下面的电路均为热地，严禁直接用手接触，注意任何检测设备都不能直接跨接在热地和冷地之间。

(7) 修背光灯升压板供电电源时需先测 +380 V，测试点一般选择在最大电解电容 100 ~ 330 μF/450 V两端。

如果为 +375 ~ +400 V正常值，则表明PFC电路工作正常；如果测得电容两端电压为 +300 V，说明PFC电路未工作，应重点查PFC模块及启动电压供给电路。

遇背光灯升压板供电电源能力差时，也要先测一下PFC电路输出的380 V电压是否正常，如果正常，问题就在背光灯升压板供电电源的电源厚膜上，通常是电源厚膜带载能力差引起的。

(8) 代换器件电源板输出的 +24 V或 +12 V电压其电流较大，对整流二极管要求较高，一般采用大功率二极管，不能用普通的整流二极管替换。

(9) 注意事项。

断电后，电源板上的100 ~ 330 μF/450 V大电解电容，仍可能存有 +300 V以上高电压，必须对这个电容放电后，才能对电源模块上器件触摸、电阻法测试、拆卸，否则会造成触电、损坏万用表、损坏器件、扩大故障范围等不良后果。

同一品牌同一型号液晶电视机的电源板型号可能有几种，实际维修时注意区别对待。

2. 海信TLM3277液晶电视机的电源板

如图2 – 10所示海信TLM3277液晶电视机的电源板电路框图。这个电源采用三块电源模块：PFC + 小信号电路供电电源二合一模块SMA – E1017；背光板升压板供电电源模块，即24 V电源模块STR – W5667；副电源模块STR – A6351。后两者内置有MOS开关管，易击穿。

不同型号液晶电视机的电源板代换，如果液晶显示屏的参数相近，通常可选择接口方式相同、输出电压相同、输出功率及电流相近的电源板替换。同时还要考虑与原电源板固定位置一致，否则无法安装固定。

(1) 根据液晶显示屏尺寸及参数选择电源板。液晶电视机的功率主要由液晶显示屏尺寸、参数决定。因为液晶电视机消耗的功率主要是在背光灯上，背光灯消耗的功率占总消耗功率的80%以上，液晶显示屏的尺寸越大，背光灯的数目越多，长度越长，消耗功率也越大。一般说来，大液晶显示屏要大功率电源板。各种尺寸的背光灯消耗的功率如下：17英寸①是25 W，20

---

① 1英寸 =2.54厘米。

英寸是 38 W，26 英寸是 67 W，32 英寸是 110 W，37 英寸是 145 W，42 英寸是 160 W。

（2）根据液晶显示屏的型号或参数，计算出电源板的功率，或电源板提供给背光灯升压板的供电电压及电流值。为了便于理解，下面以长虹 LT3212 液晶电视机为例说明。

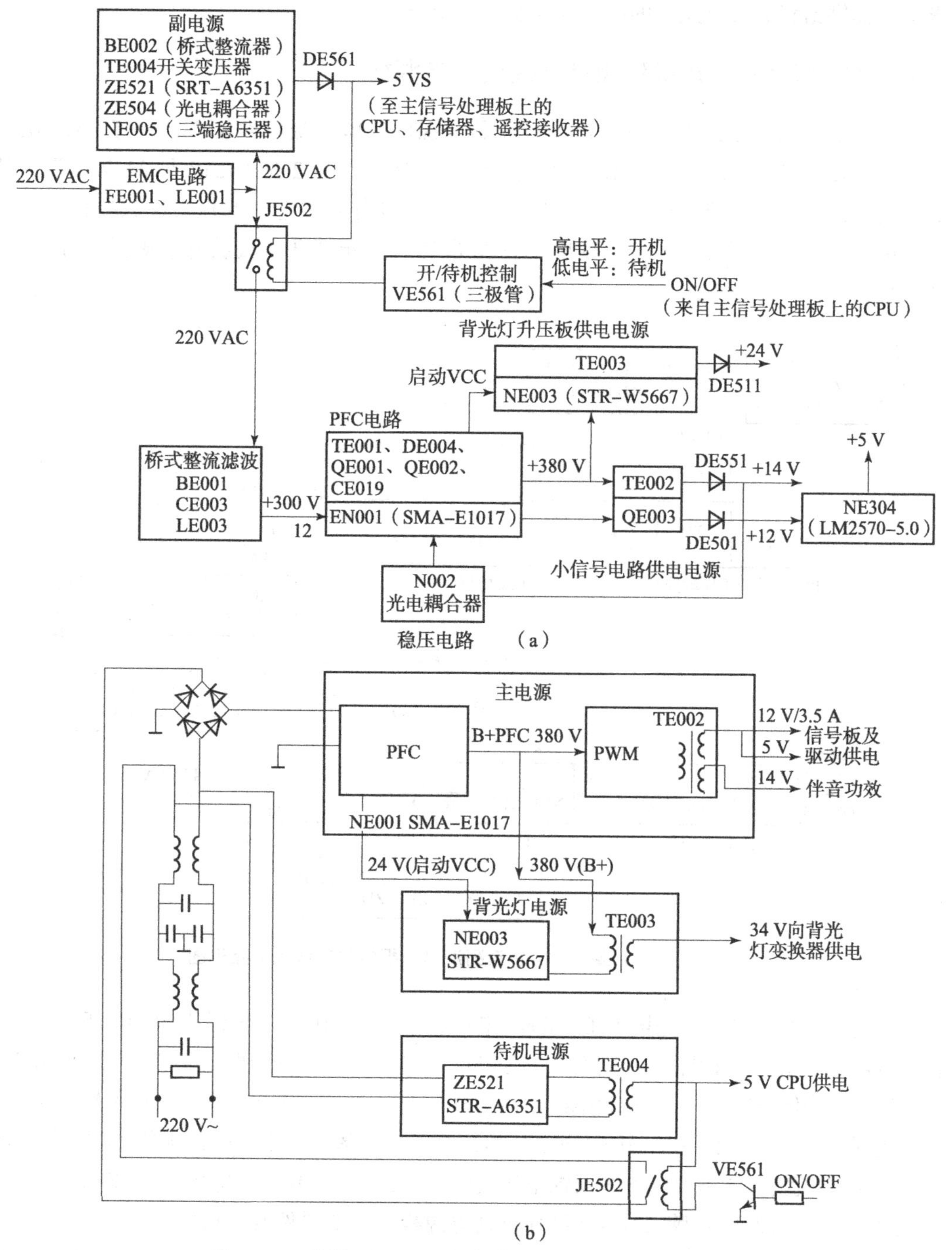

图 2-10　海信 TLM3277 液晶电视机的电源板电路框图

长虹 TL3212 液晶电视机使用两种型号的液晶显示屏：

①LTA320WT-16 液晶显示屏。该液晶显示屏使用了 16 支背光灯管，每支灯管耗电 7 mA（标准发光时）、工作电压 1 200 V。由公式功率 W = 电压 × 电流计算，这 16 支灯管耗

电近 135 W。为了实现灯管正常工作，提供给背光灯升压板的供电电压为 +24 V、电流不得小于 4.7 A。

②LC320W01 - SL01 液晶显示屏。该液晶显示屏对应的背光灯升压板耗电量为 92 W，要求电源提供给背光灯升压板的电压为 +24 V、电流 3.5 A。

3. TCL 牌 A71 - P 系列液晶电视机的电源板

图 2 - 11 所示为 TCL 牌 A71 - P 系列液晶电视机的电源板电路框图，属于 NCP1650 + NPC1217 + NPC1377 模式。IC1 NCP1650 是 PFC 专用模块；IC2 NPC1217 是 24 V 电源模块，其 8 脚需得到 380 V 才能工作；IC6 NCP1377 是小信号电路供电电源板块，只要接通电源，小信号电路供电电源就开始工作，输出 +12 V 电压。背光灯升压板供电电源只有在开机状态才工作，输出 +24 V 电压。

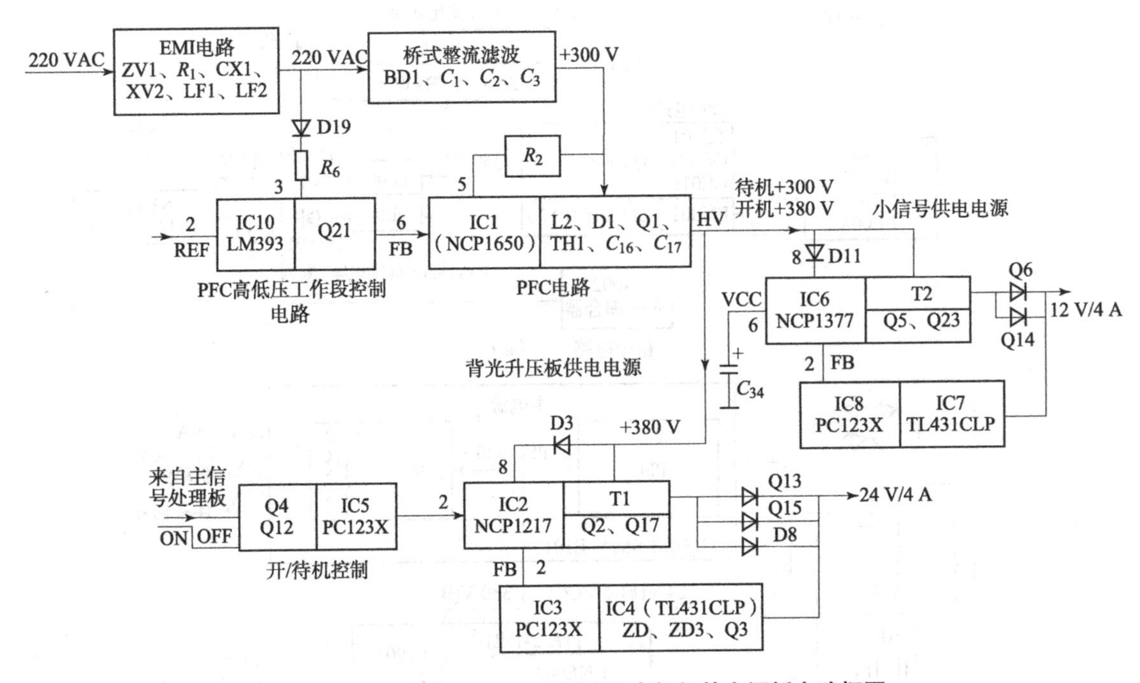

图 2 - 11　TCL 牌 A71 - P 系列液晶电视机的电源板电路框图

这个电源板最大的特点是增加了 LM393 电压比较器、Q21 三极管组成的 PFC 高低电压工作段控制电路，根据当地电网电压范围，使 PFC 电路输出电压分为两段工作。当电网电压在 90 ~ 132 VAC 为低压输入段，PFC 电路输出 +260 V 电压；电网电压在 180 ~ 240 VAC 为高压输入段，此时，PFC 控制电路中 LM393 的 3 脚电压高于 2 脚基准电压，其 1 脚输出高电平使 Q21 导通，令 PFC 模块 NCP1650 的 6 脚反馈电压变低，PFC 电路工作输出电压为 +380 V。

图 2 - 12 所示为 TLC 牌 A71 - P 系列机型电源板的主要器件及易损件。

固定在上、下散热板上的大功率管均易击穿。其中左侧、中部的 BD1、Q2、Q17、D1、Q1、Q5 大功率管击穿，还会把 F1 熔断器管熔断；右侧的 D8、Q13、Q15、Q6、Q14 大功率管用于电源整流输出，如果击穿只会造成电源输出电压异常，不会烧坏熔断器管。

位于中部的 C_{16}、C_{17} +380 V 滤波电容也易损坏，造成通电就烧坏熔断器管。这两个电容损坏的常见形式有鼓包，漏液（附近有黏糊的液体或引脚锈蚀、有白色物），击穿，漏电，多数会造成熔断器管熔断。

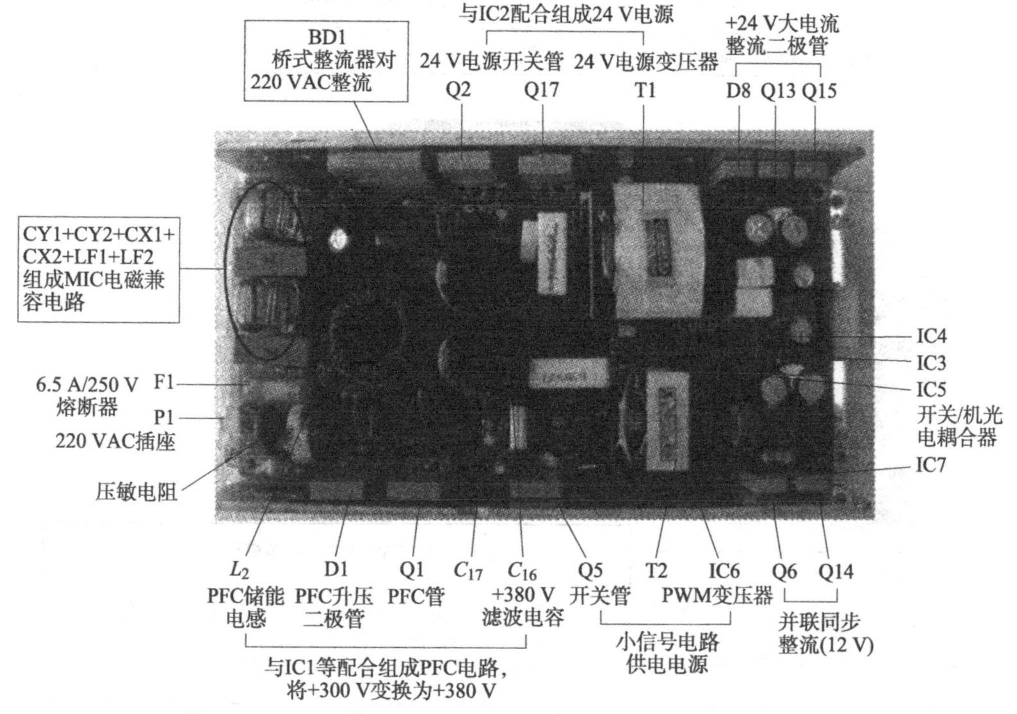

图 2－12　TCL 牌 A71－P 系列机型电源板的主要器件及易损件

4. 长虹 LT3288 液晶电视机的电源板

长虹 LT3288 液晶电视机的电源板有两种型号：GP03 电源板、永盛宏电源板。这里以永盛宏电源板为例说明，如图 2－13 所示。

1）电源板损坏引起的故障现象

（1）不通电即整机表现无光栅、无伴音、电源指示灯不亮，机内无任何通电反应。

（2）指示灯亮、不能开机，即电源指示灯亮、无光栅、无伴音。

（3）指示灯亮，开机瞬间有光栅，但光栅很快消失。

（4）保护性关机，即指示灯亮、开机瞬间无光栅、无伴音，电视机在很短时间内自动返回待机状态。

（5）屏幕上有水平或垂直干扰带（线）。

（6）黑屏。

2）电源板的好坏判断

（1）直观判断电源板的好坏不通电故障，95% 以上是电源板损坏，如用户自述出现故障时，出现了掉闸现象，就可百分之百确定是电源板损坏了。如看到电源板上某个器件有烧焦、炸飞，熔断器管熔断，压敏电阻或集成芯片有裂纹或鼓包，大电解滤波电容任意部位鼓包、附近有透明状的电解液，判断电源板是否损坏。

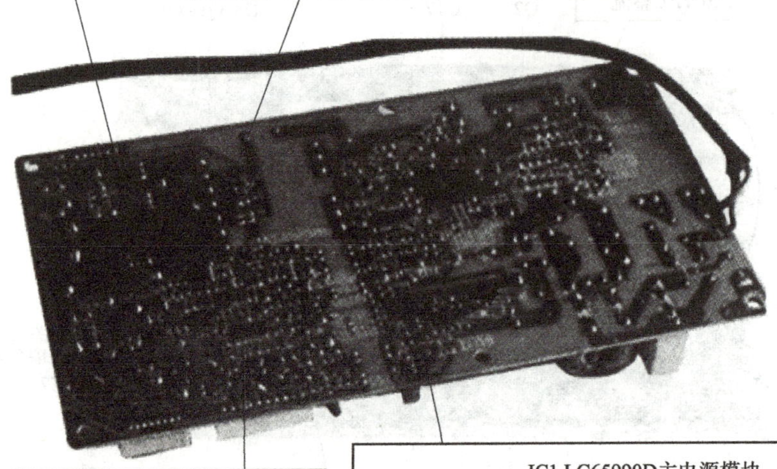

图 2-13　长虹 LT3288 液晶电视机的永盛宏电源板

（2）万用表判断电源板的好坏。利用万用表测电源板接口的引脚电阻，判断电源板是否存在开路、短路、漏电现象。这种情况一般需要手中有相应的正常数据做比较，或有一定的经验。维修时更多使用的是电压法，下面以长虹 LS10 机芯电源板为例说明。

图 2-14 所示为长虹 LS10 机芯电源板，其中的虚线表示的是电源板的单独测试方法。该电源有五路输出电压，包括 +5 VS、+5 V_3A、+24 V_2.5A、+24 V_AUDIO、+24 V_INV。这五路电压在待机状态时只有 +5 VS 端输出 +5 V，其他端为 0V，开机均应等于标注值。

3）实修时电源板的好坏判断

实修时，电源板在整机上的好坏检测顺序一般为：先测 +5 VS 待机电源输出，再测其他路电压输出，并根据测试结果确定是否进一步测试开/待机控制脚电压，来确认电源板的工作条件是否具备。

（1）通电源，测 J1 接口的 6 脚 +5 VS 输出端电压，测试值低于 4.8 V 或不稳定均为异常，此时，可拔掉电源板的所有输出插头，再测 +5 VS 如果仍异常，可判断电源板有故障；如果恢复 +5 V 正常值，说明电源板正常，原因是电源板供电的其他组件存在短路或漏电现象，导致电源板负载过重而无法正常工作。

（2）遥控开机后，继续测 J1 接口的 5 脚 +5 V、10 脚 +24 V_2.5 A，J3 接口的 1 脚 +24 V_AUDIO、8 脚 +24 V_INV 的输出电压。测量可能出现的情况如下：

①如仅某一路输出电压异常，其他路输出电压正常，可以确定电源板有问题。

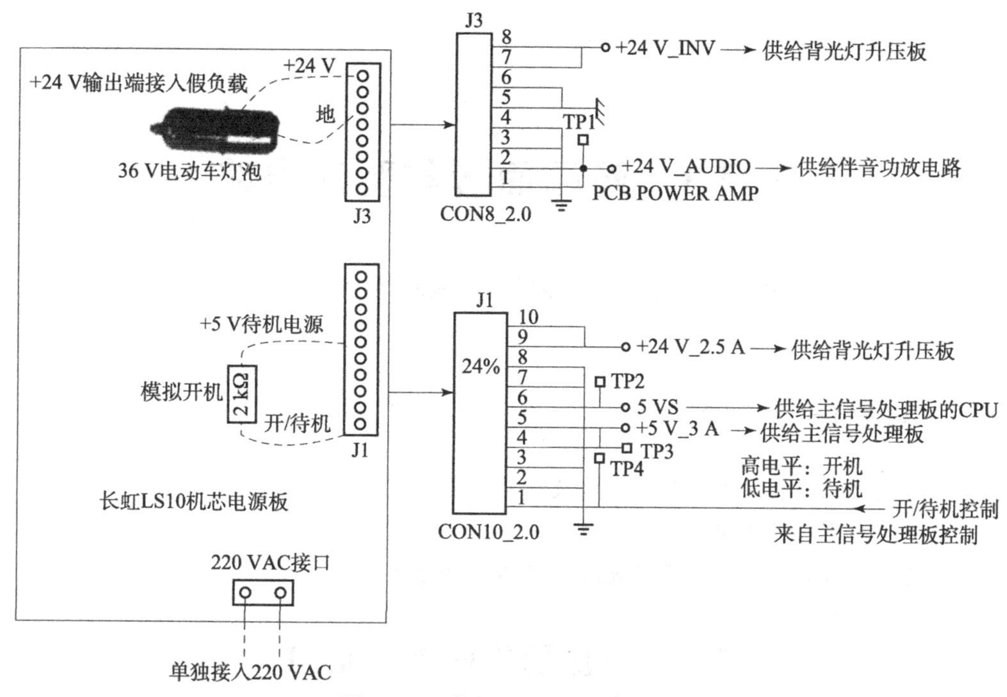

图2－14　长虹LS10机芯电源板

②均为0 V，需继续测J1接口的1脚开/待机控制脚电压，如不能随操作遥控开/关机操作高、低电平变换，说明电源板没有得到正常的开机信号，据此可大致判断电源板没有问题；如能随遥控开/关机操作高、低电平切换，说明开关电源有问题的可能性占95%以上，需在排除电源板接口的各电压输出脚无短路、过流现象后，或接收假负载后仍无电压输出时，才可肯定电源板有问题。

③均低于标注值，可拔掉J3接口，以断开+24 V_AUDIO、+24 V_INV的负载。

项目3　液晶面板与驱动电路

本项目主要介绍电视机液晶面板的基本结构、液晶显示屏各组件的工作原理、液晶面板的拆卸方法。

学习目标

1. 了解电视机液晶面板的基本结构及种类特点。
2. 熟悉液晶显示屏各组件的工作原理。
3. 掌握背光灯的更换以及面板故障分析与检修方法。

3.1　液晶面板的基本结构

由于液晶显示屏独特的结构特点以及装配的专业性，在其出厂前已将液晶显示屏、连接插件、驱动电路板、背光灯等用框架和底板组装成一个结构紧凑的部件，称为液晶面板，只留有背光灯插头和驱动电路输入插座。

液晶面板组件是指液晶显示屏及与其直接相关的部件，主要包括液晶显示屏、背光灯、液晶显示屏驱动电路板、显示屏连接线及液晶显示屏驱动接口等。

打开液晶电视机后壳后，取下电源板、数字组件板、操作显示板后剩余的部分即为液晶面板组件。图3－1所示为典型液晶彩色电视机中的液晶面板组件。

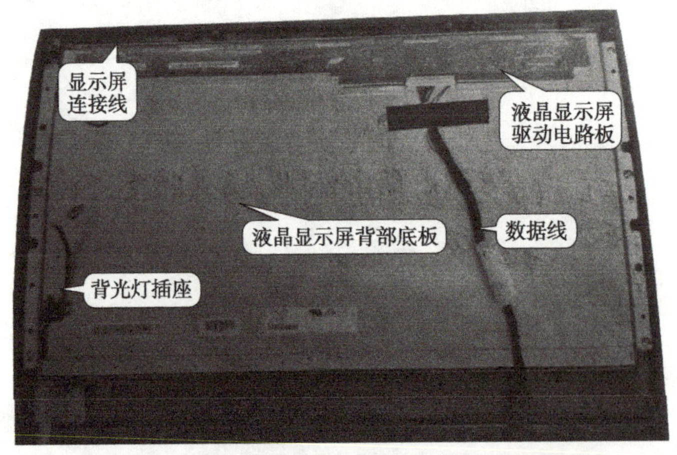

图3－1　典型液晶彩色电视机中的液晶面板组件

1. 液晶显示屏

液晶彩色电视机的显示屏是采用液晶材料制作而成的，用来显示视频、图像等信息。液晶显示屏的外形如图3－2所示。

图3－2　液晶显示屏的外形

【要点提示】

液晶显示屏是由一个个液晶显示单元组成的，通常是由水平方向的像素数乘以垂直方向的像素数，作为屏幕的总像素数。每个像素单元的尺寸越小，整个屏幕的像素数越多，它所显示的图像的清晰度就越高，画面就越细腻。由于液晶显示屏的清晰度高，并且具有低功耗的特点，因此除用作液晶彩色电视机和计算机的显示屏外，还用于制成便携式DVD、MP4、手机液晶显示屏等。

2．背光灯

液晶显示屏本身是不发光的，因此在液晶显示屏的后部都安有用于产生背光的灯管，称为背光灯，如图3－3所示。

图3－3　液晶显示屏后部的背光灯

3．液晶显示屏驱动电路板

液晶显示屏驱动电路板是连接液晶彩色电视机液晶显示屏与主电路的桥梁，它是将主电路板产生的驱动信号，通过液晶面板组件驱动线、驱动电路板及数据线送给液晶显示屏，为其正常工作提供基本的工作条件。该电路板是一种柔性印制板，通常位于液晶彩色电视机的上部边缘部分，采用压接法与液晶显示屏的驱动电极相连。液晶显示屏的驱动电路板如图 3－4 所示。

图 3－4　液晶显示屏的驱动电路板

显示屏连接线是指液晶显示屏驱动电路板与液晶显示屏之间的软排线（柔性电缆），如图 3－5 所示。

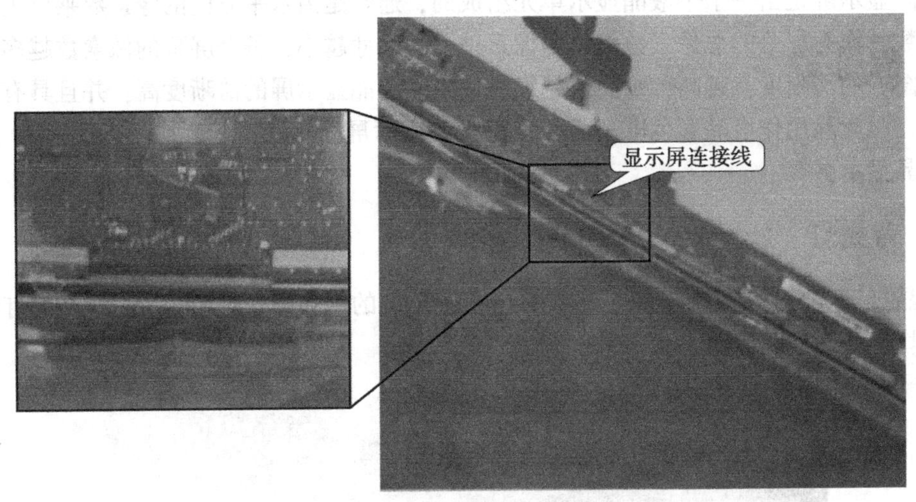

图 3－5　显示屏连接线

由图 3－5 可知，液晶彩色电视机的显示屏连接线由几组构成，每组显示屏连接线内又包含了几百甚至几千根。图 3－6 所示为显示屏连接线与普通缝衣针的比较，从图可以看出屏线很细，这些细线一旦损坏很难修复，若其中的一根细线断裂，屏幕上就会出现一条黑线的故障。

4. 液晶显示屏驱动接口及数据线

液晶显示屏驱动接口是液晶面板组件的一种插座，通过该接口及相应的软排线即可将液晶面板组件与数字板进行连接。液晶显示屏驱动接口的外形如图 3－7 所示。

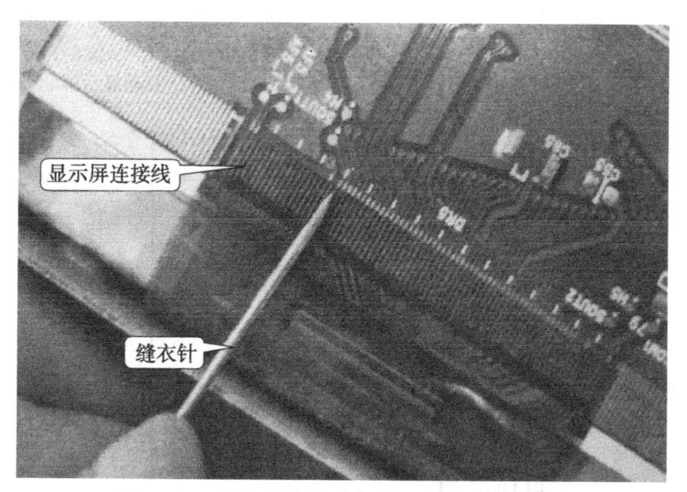

图3－6　显示屏连接线与普通缝衣针的比较

图3－7　液晶显示屏驱动接口的外形

【要点提示】

目前，根据其输出驱动信号的不同，液晶显示屏驱动接口通常可分为TTL晶体管－晶体管逻辑接口、LVDS（低压差分信号）接口、RSDS（低摆幅差分信号）接口、TMDS（最小化传输差分信号）接口和TCON（定时控制）接口等几种，其中使用最为广泛的为LVDS（低压差分信号）接口。

LVDS接口位于液晶彩色电视机的主电路板和液晶显示屏驱动电路板上，通过与接口类型相匹配的电缆进行连接，可传输串行R、G、B数据信号，时钟与同步信号，数据启动或控制信号等，并转换成低电压串行LVDS信号，送到液晶显示屏的LVDS接收器上。

一般液晶显示屏输入的R、G、B数据信号有并行传输和串行传输两种方式，其中TTL、TCON接口液晶显示屏采用并行传输方式，LVDS、TMDS、RSDS接口液晶显示屏采用串行传输方式。这两种传输方式如图3－8所示。

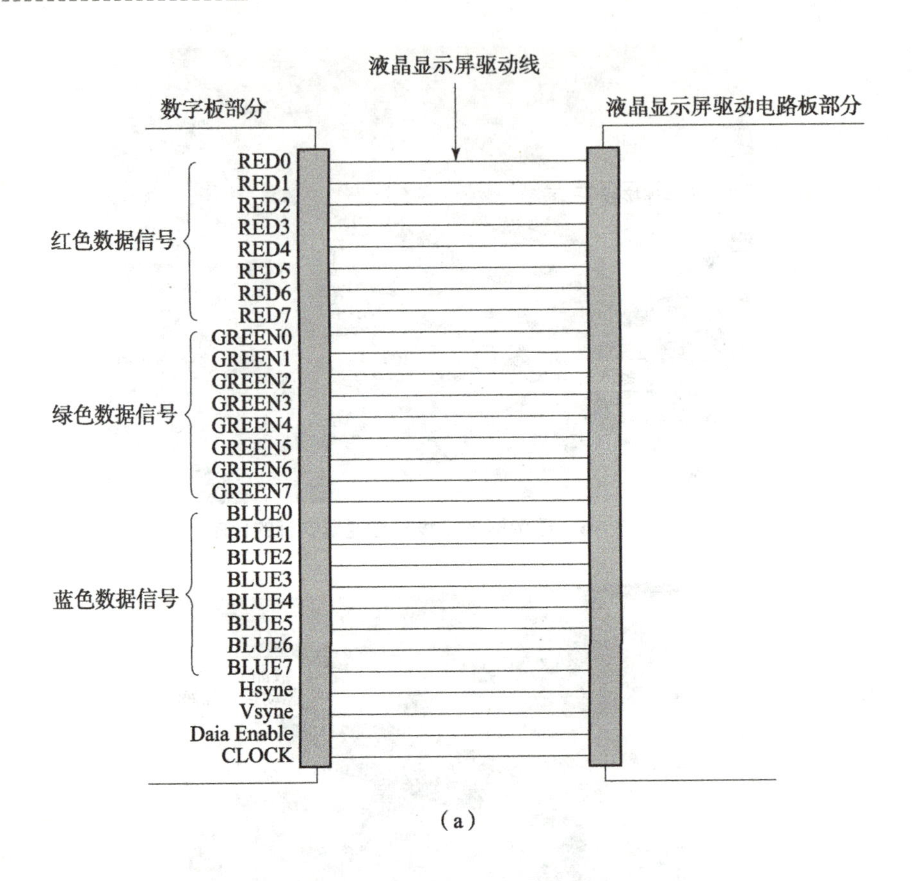

（a）

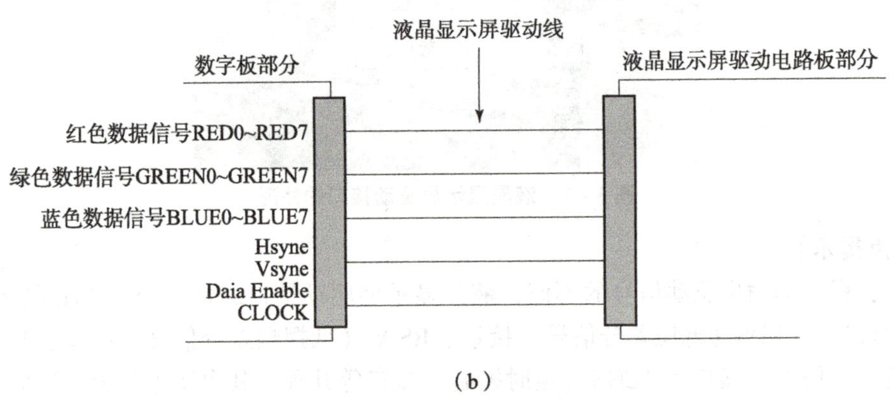

（b）

图 3－8　并行/串行传输方式

（a）并行方式传输 R、G、B 数据；（b）串行方式传输 R、G、B 数据

LVDS 接口通常通过数据线进行连接，该数据线是液晶彩色电视机中较易损的元件，接插不良、引脚氧化等都会引起显示器不能正常显示的故障，需要更换。

值得注意的是，在更换时需要使用相同插头的数据线进行替换。由于液晶显示屏接口的多种性，数据线用来驱动液晶面板一端的接头也是多种多样，图 3－9 所示为液晶彩色电视机中几种常用数据线及其插头。

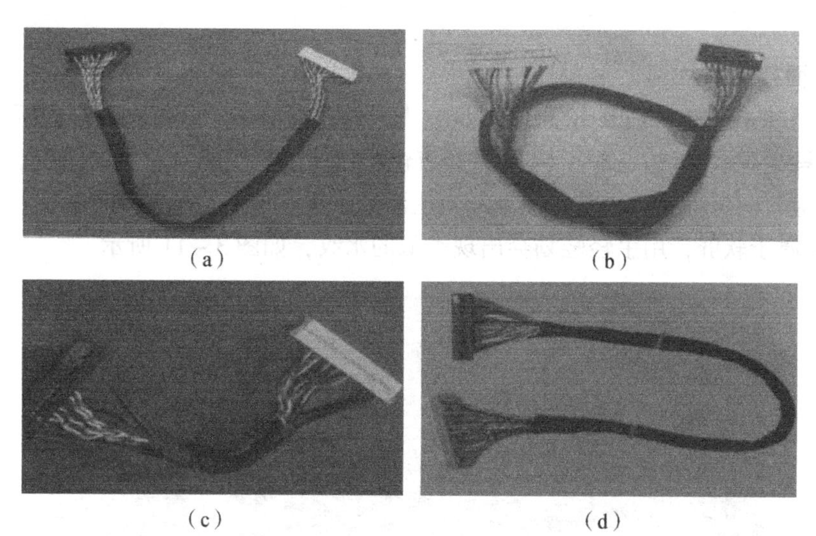
(a)　(b)　(c)　(d)

图3－9　液晶彩色电视机中几种常用数据线及其插头

3.2　液晶显示屏组件的工作原理

【知识讲解】

液晶彩色电视机显示部分的结构如图3－10所示。通常拆开液晶显示屏的后部即可看到图3－10中标识的各个部分，如扫描驱动电路、偏光板、TFT（薄膜场效应晶体管）阵列、TFT阵列基板、数据驱动电路板等部分。

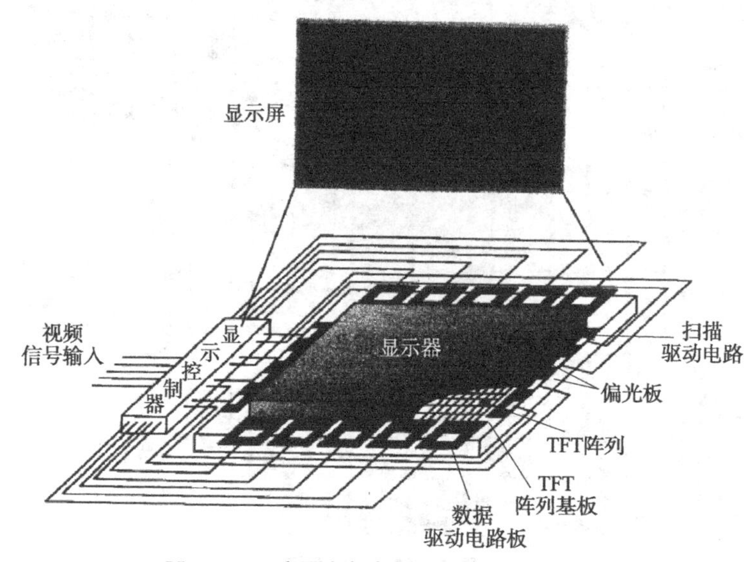

图3－10　液晶彩色电视机显示部分的结构

1．液晶显示屏的种类特点

目前市场上常见的液晶显示屏面板主要有TN面板、VA面板、IPS面板以及CPA面板等几种。

1）TN 面板

TN 面板（Twisted Nematic 扭曲向列型）是一种生产成本低廉的液晶面板。它是一种 6 bit面板，只能显示 R、G、B 各 64 色，具有色彩单薄、还原能力较差的缺点，但具有输出灰阶少、响应时间长等特点，是目前市场上主流的中低端液晶显示器用面板。

TN 面板属于软屏，用手轻轻划会出现类似的水纹，如图 3－11 所示。

图 3－11　TN 面板

2）VA 面板

VA 面板主要包括富士通主导开发的 MVA 面板和三星电子开发的 PVA 面板两大类。VA 面板为一种 8 bit 的广视角面板，通常可达到 170°，具有可视角度宽、响应时间快，多应用于中高端液晶显示器或液晶电视机中。

VA 面板也属于软屏，用手轻轻划会出现类似的水纹，如图 3－12 所示。

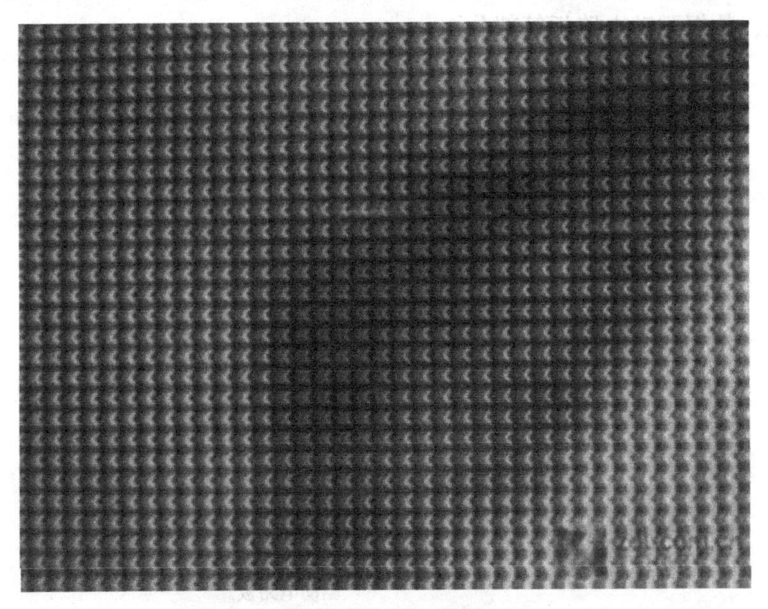

图 3－12　VA 面板

3）IPS 面板

IPS（In－Plane Switching，平面转换）是日立公司早期推出的一种液晶面板技术，也称为“Super TFT”。IPS 面板的两极都在同一个面上，不管在何种状态下液晶分子始终都与屏幕平行，会使开口率降低，减少透光率，所以IPS面板需要背光灯提供光源。IPS面板具有可视角度高，响应速度快，色彩还原性高，黑色纯度低，需要光学膜进行补偿等特点。

IPS面板的屏幕较为“硬”，称为“硬屏”，用手轻轻划一下不容易出现水纹样变形，仔细看屏幕时，可以看到方向朝左的鱼鳞状像素，如图3-13所示。

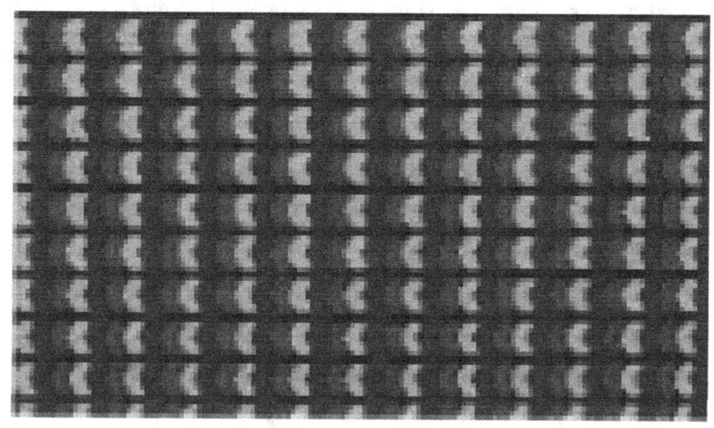

图3-13 IPS面板

IPS面板是目前市场上流行的液晶彩色电视机中常采用的一种液晶面板。

4）CPA面板

CPA（Continuous Pinwheel Alignment，连续焰火排列），是一种广视角技术，由夏普M公司推出，具有色彩还原真实、可视角度宽、图像细腻，但价格较高等特点。

CPA面板也属于软屏，用手轻轻划会出现类似的水纹，如图3-14所示。

图3-14 CPA面板

【要点提示】

从液晶面板的驱动方式来分，目前最常见的是TFT（Thin Film Transistor薄膜晶体管）型驱动。它通过有源开关的方式来实现对各个像素的独立精确控制，因此相比之前的无源驱动（俗称伪彩）可以实现更精细的显示效果。

目前大多数的液晶电视机及部分手机均采用TFT驱动。手机多用窄视角的TN模式，液晶电视机多用宽视角等模式，它们通称为TFT-LCD。

2. 液晶显示屏的工作原理

1）液晶的特点

液晶显示屏是一种采用液晶作为材料的显示器件，液晶是介于固态和液态间的一种有机化合物。将其加热会变成透明液态或气态；冷却后会变成结晶的固态。液晶的特点如图 3－15 所示。由图 3－15 可知，液晶既具有液体流动性的特点，又具有固体结晶态（规则性）的特点。液晶介于固态和液态两者之间，简称液晶。液晶体的四态是由温度决定的。

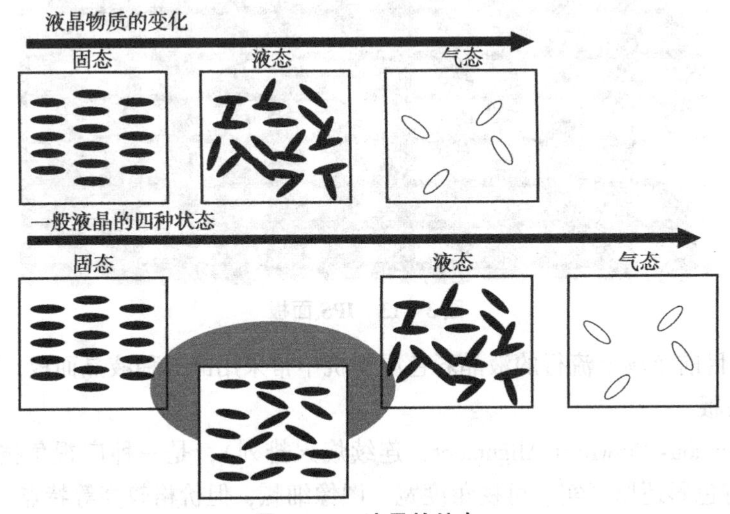

图 3－15　液晶的特点

在电场作用下，液晶分子会发生排列上的变化。例如，液晶在自然状态时，其分子的排列是无规则的，当受到外电场的作用时，其中分子的排列也随之变化，如图 3－16 所示，从而影响通过的光线变化，这种光线的变化通过偏光片的作用可以表现为明暗的变化。人们通过对电场的控制最终控制了光线的明暗变化，从而达到显示图像的目的。

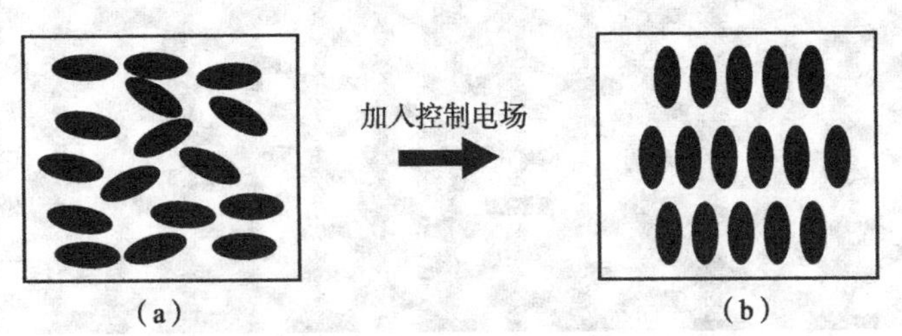

图 3－16　液晶分子的排列与电场的关系

（a）液晶在一般状态下的无规则排列；（b）液晶在电场控制下的规则排列

2）液晶面板的透光性

液晶面板的透光性与两侧的偏光板有直接的关系。偏光板是与液晶面板紧密结合的部分。光线由一系列光波构成，这些光波沿着与传播方向呈 90°的方向发生振动，如图 3－17 所示，也就是说，一束光是由沿着不同平面振动的光波组成的。

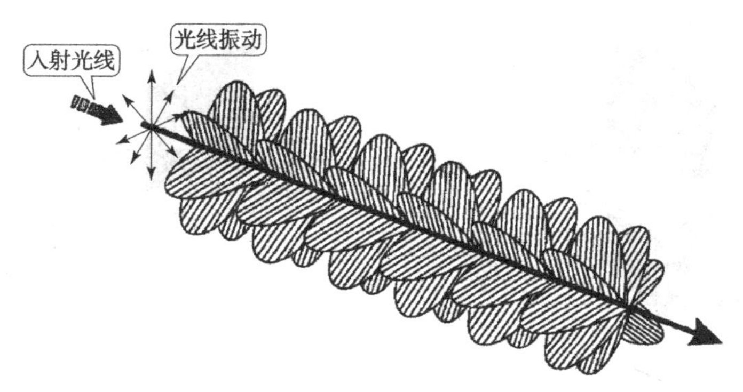

图 3-17 光线的传播

当我们在光线传播的方向加一块带有偏光板的液晶面板时，光线射入液晶面板后，光波的振动平面会发生扭转光线振动方向，如图 3-18 所示。

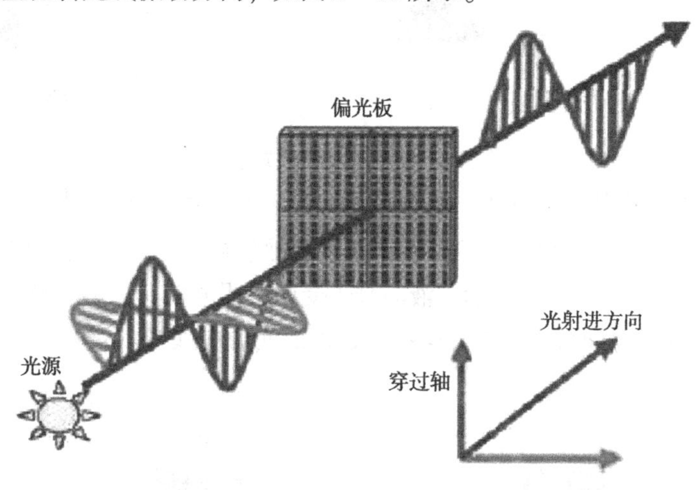

图 3-18 光线振动方向扭转

液晶面板中所使用的偏光板，仅可以沿着特定的平面过滤光波，并使光波通过。当入射光的振动方向与偏光板的方向一致时，光可以穿过偏光板；如果偏光板的方向与入射光的方向不同时，会阻断光的通过，这就是偏光板的功能，如图 3-19 所示。因此只有能够通过带有液晶夹层的偏光板的光线才可以显示在液晶显示屏上。

从前述可知，液晶有四个相态，分别为固态、液晶、液态和气态，且四个相态可相互转化，称为“相变”。相变时，液晶的分子排列发生变化，从一种有规则的排列转向另一种排列，引起这一变化的原因是外部电场或外部磁场的变化。同时液晶分子的排列变化必然会导致其光学性质的变化，如折射率、透光率等性能的变化。于是科学家们利用液晶的这一性质做出了液晶显示板，它利用外加电场作用于液晶面板，改变其透光性能来控制光通过的多少，从而显示图像。

液晶显示板是将液晶样料封装在两片透明电极之间，通过控制加到电极间的电压即可实现对液晶层透光性的控制。

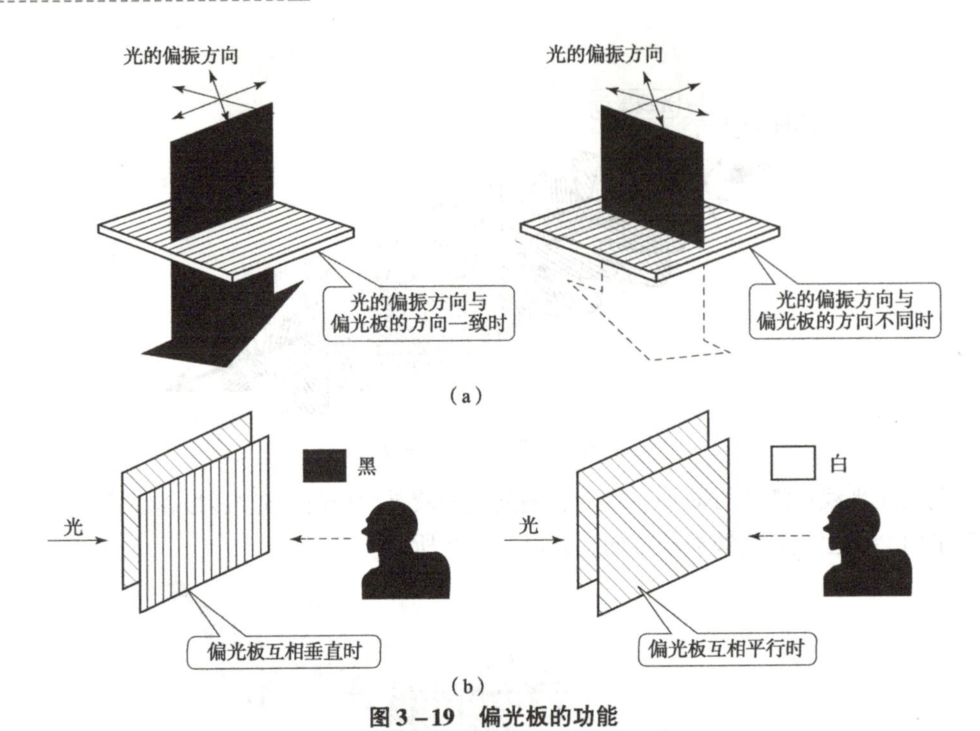

图 3－19　偏光板的功能

(a) 偏光板的方向与光的通过特性；(b) 两偏光板重叠时的透光性

液晶面板的工作原理如图 3－20 所示，液晶材料被封装在上下两片透明电极之间。当两电极之间无电压时如图 3－20（a）所示，液晶分子受到透明电极上的定向膜的作用按一定的方向排列。由于上下电极之间定向方向扭转 90°，入射光通过偏光板进入液晶层，变成了直线偏振。

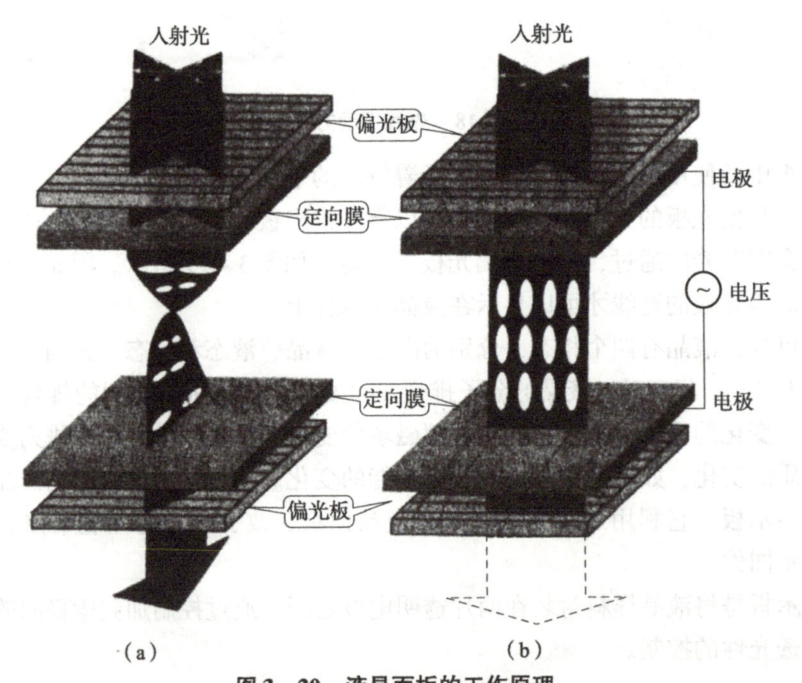

图 3－20　液晶面板的工作原理

(a) 无电压时；(b) 电极上加有电压

当上下电极板之间加上电压以后，液晶层中液晶分子的定向方向发生变化，变成与电场平行的方向排列，如图3－20（b）所示。这种情况下，入射到液晶层的直线偏振光的偏振方向不会产生回转，由于下部偏光板的偏振方向与上部偏振光的方向相互垂直，所以入射光便不能通过下部的偏光板，此时液晶层不透光。因而，液晶层无电压时为透明状态（亮状态），有电压时则为不透明状态（暗状态）。

对液晶分子进行定向控制的是定向膜，定向膜是一种在两电极内侧涂布而成的薄膜，是一种聚酰亚胺高分子材料，紧接液晶层的液晶分子。

3）TFT－LCD液晶面板的结构和原理

目前液晶彩色电视机大多采用彩色薄膜型液晶显示器（TFT－LCD），其结构如图3－21所示。将液晶置于两片导电玻璃基板之间，在两片玻璃基板上都装有配向膜，液晶顺着沟槽配向，其中：上层的沟槽是纵向排列的，而下层沟槽是横向排列的。由于上下玻璃基板沟槽相差90°，因此液晶分子呈扭转形。当上下玻璃基板没有加电时，光线透过上方偏光板，并跟着液晶做90°扭转通过下方偏光板，液晶面板显示白色。当上下玻璃基板分别加入正负电压后，液晶分子就会呈垂直排列，但光线不会发生扭转，而被下层偏光板遮蔽，光线无法透出，液晶面板显示黑色。这样，液晶面板在电场的驱动下，控制透射或遮蔽光源，产生明暗变化，将黑白影像显示出来。若在液晶面板加上彩色滤光片，就可以显示彩色影像。

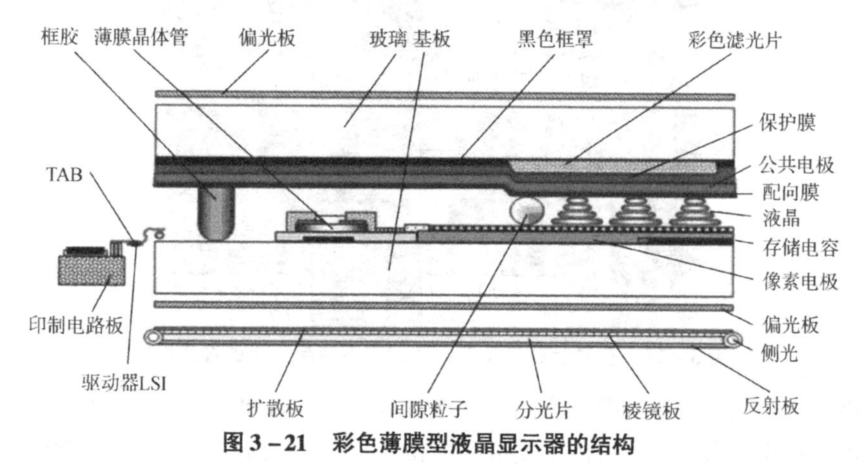

图3－21　彩色薄膜型液晶显示器的结构

彩色滤光片的结构如图3－22所示，彩色滤光片由像素和晶体管组成。依据三基色的发光原理，每个像素又由红、绿、蓝三个子像素组成。每一个子像素就是一个单色滤光镜。也就是说，如果一个TFT－LCD显示屏的分辨率为1 280×1 024的话，那么，彩色滤光片应该分别由1 280×1 024×3个子像素和同样数量的晶体管组成。对于一个15英寸的显示屏而言，其像素为1 024×768，一个像素在显示屏上对角线的长度为0.018 8英寸；而对于一个18英寸的显示屏而言，其像素为1 024×1 280，一个像素对角线长度为0.011英寸。

图3－23所示为在显示白色及三原色状态下液晶面板的像素结构。为了精确控制每个像素的亮度和显示的颜色，就需要在每个像素之后，安装一个类似于百叶窗的开关，仅在“百叶窗”打开时光线可以透进来，而在“百叶窗”关闭时光线就无法透进来。这个开关就是晶体管，而控制其开关的则是水平驱动电路。驱动电路的作用是生成精确控制的电场。其TFT－LCD显示屏采用背光技术，光源为背光灯管，学名为冷阴极荧光灯（CCFL）。灯管采用硬质玻璃制成，灯管直径为1.8～3.1 mm。灯管内壁涂有高光效三基色荧光粉，两端各有

一个电极，灯管内充有汞和惰性气体，采用先进的封装工艺制成。控制方式为主动矩阵式，对屏幕上的各个像素实施主动的、独立的控制。

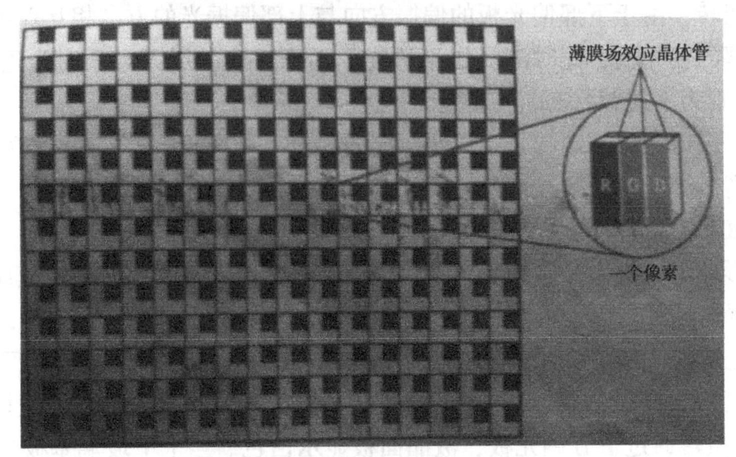

图 3-22　彩色滤光片的结构

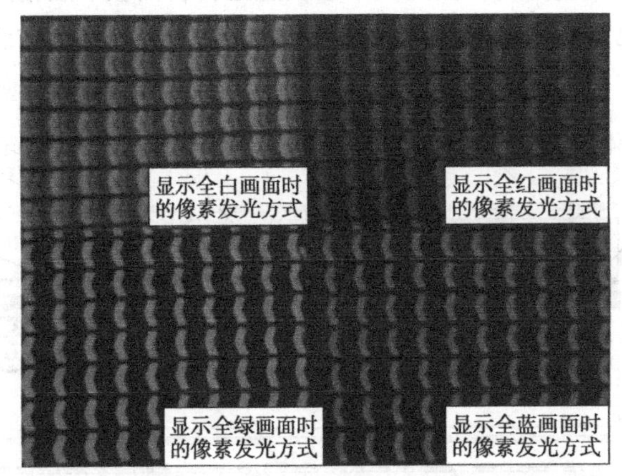

图 3-23　在显示白色及三原色状态下液晶面板的像素结构

冷阴极荧光灯的工作原理是，当灯管两端加 800～1 000 V 高压后，灯管内少数电子高速撞击电极，产生二次电子，管内汞受电子撞击后产生波长为 253.7 nm 的紫外光，紫外光激发涂在管内壁上的荧光粉而产生可见光，可见光的颜色将依据荧光粉的不同而不同。

冷阴极荧光灯的优点是：管径细、寿命长、工作电流低（2～10 mA）、结构简单、灯管表面温度低及亮度高、显色性好、发光均匀等；其缺点是：易老化、易破碎、发光效率低、功耗大等。

3.3　液晶面板组件的拆卸方法

液晶面板组件可以看作是液晶彩色电视机的图像显示器件，下面以典型液晶彩色电视机中的液晶面板组件为例介绍其基本拆卸方法和内部结构。

拆卸注意事项：拆卸液晶面板部分时，应注意在整洁、防静电环境下操作，操作人员应佩戴好防静电环或防静电手套等，以免在拆卸过程中损坏液晶面板。另外，在非必要情况下，尽量不要拆卸液晶面板。

图3－24所示为分离出来的液晶面板组件，接下来在对该部分进行拆卸时，应注意防尘和防静电，避免损坏液晶显示屏。

图3－24　分离出来的液晶面板组件

（1）拆卸时，首先取下液晶显示屏驱动信号数据线，如图3－25所示。

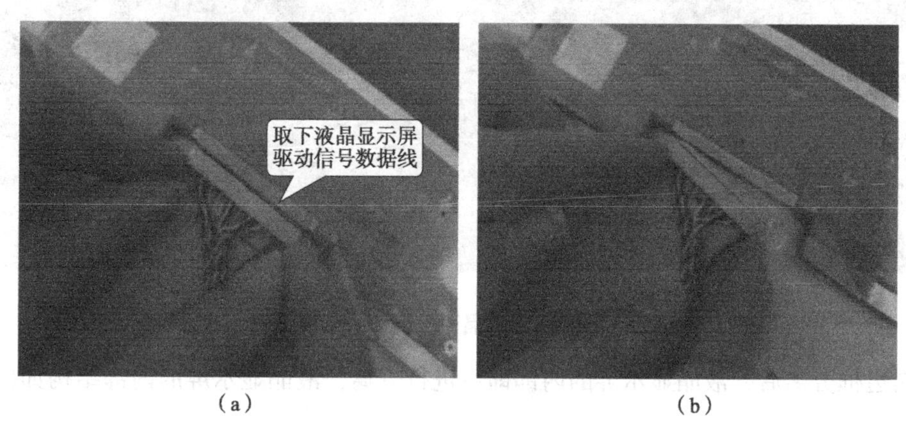

（a）　（b）

图3－25　取下的液晶显示屏驱动信号数据线

（2）接着，将液晶显示屏驱动电路板的固定螺钉一一拧下，如图3－26所示。值得注意的是，该电路板的固定螺钉较小，应选用合适刀口的螺丝刀，防止螺钉口损坏，导致无法卸下螺钉。

（a）　（b）

图3－26　拧下液晶显示屏驱动电路板的固定螺钉

(3) 接下来将液晶面板组件的金属边框取下，用一字螺丝刀轻轻撬动金属边框四周与液晶显示屏之间的卡扣，然后将驱动电路板翻开，即可将金属边框取下，如图 3－27 所示。

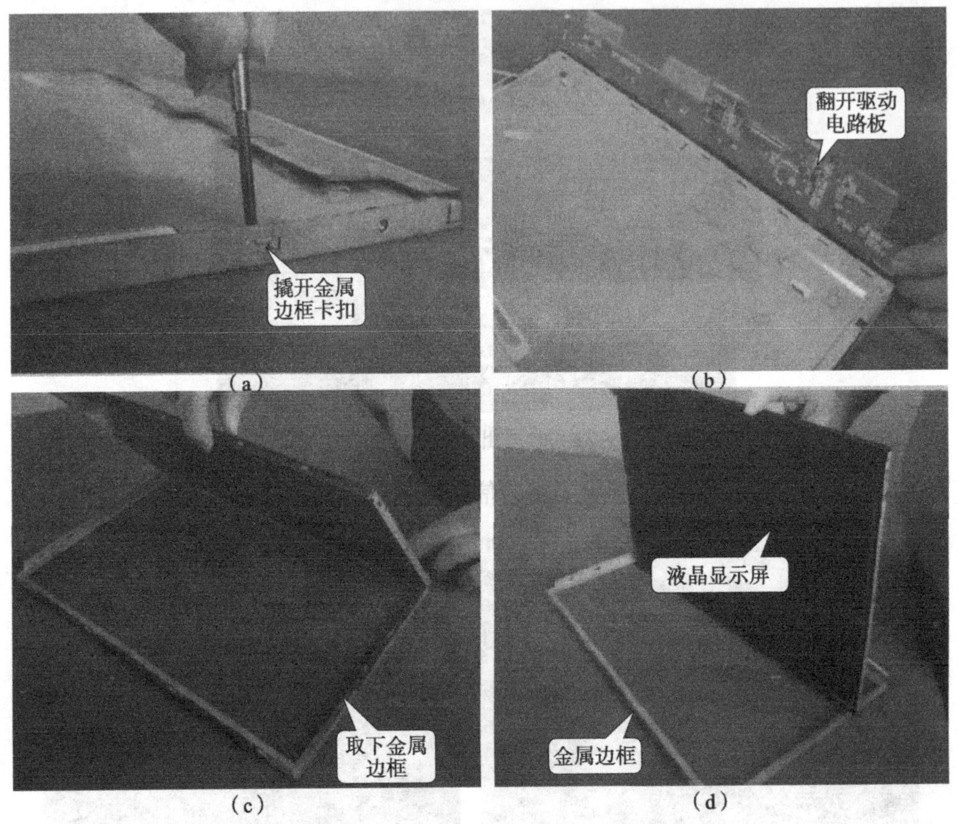

图 3－27　取下液晶面板组件的金属边框

金属边框分离后，液晶显示屏的内部即可进行分离，液晶显示屏的内部结构如图 3－28 所示。

图 3－28　液晶显示屏的内部结构

(4) 然后，轻轻将液晶显示屏的各层部件逐一分开即可，如图 3－29 所示。

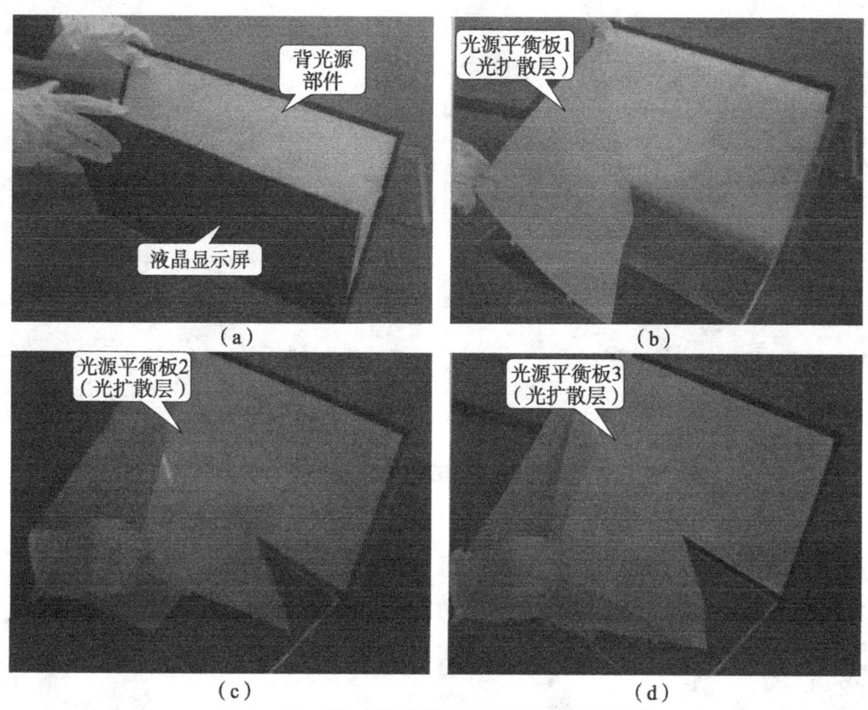

图3－29　逐一分开液晶显示屏的各层部件

（5）接着，取下液晶面板，该部分是经过特殊制作工艺制成的一体板，如图3－30所示，一般该板不可再进行分离。

图3－30　液晶面板

根据前述内容可知，液晶彩色显示屏本身不能发光，它是靠背光灯及背部导光板形成均匀的全色光从屏背后照射过来的。液晶彩色显示屏显像如幻灯片，可将该部分称为液晶显示屏的背光源部件，下面对该部分进行拆卸，进而了解其结构组成。

首先，拧下背光灯管的固定螺钉，取出卡于卡槽中的输出引线，如图3－31所示。

其次，将背光源部件的塑料固定边框分离，注意边框与底板之间由四周的卡扣卡紧，逐一分离后，即可将底板分离，如图3－32所示。

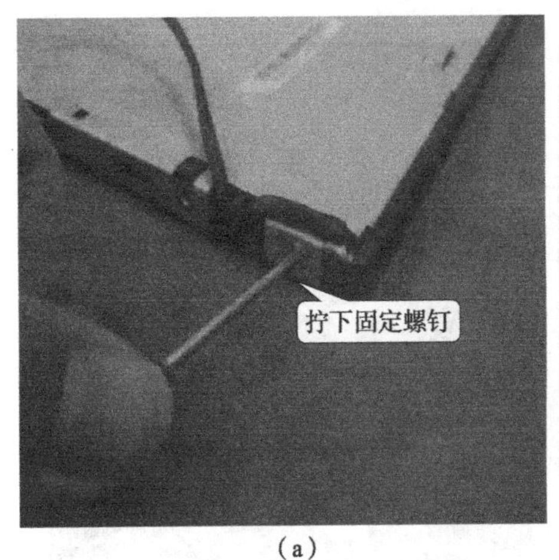

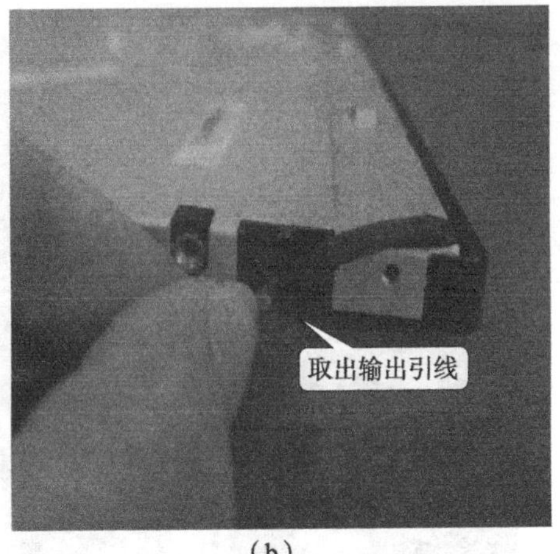

（a） （b）

图 3-31　拧下背光灯管的固定螺钉、取出输出引线

（a）拧下固定螺钉；（b）取出输出引线

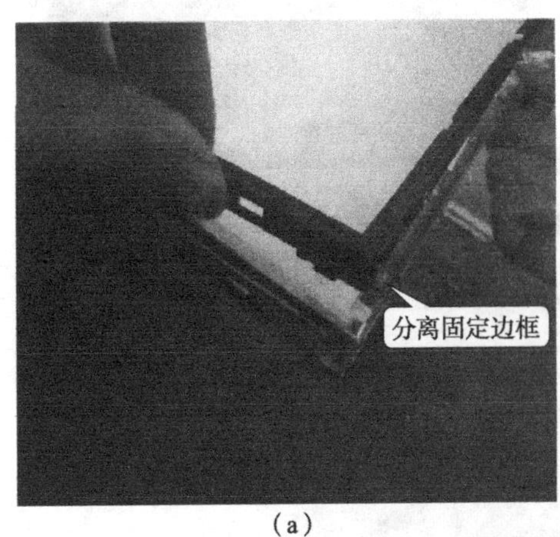

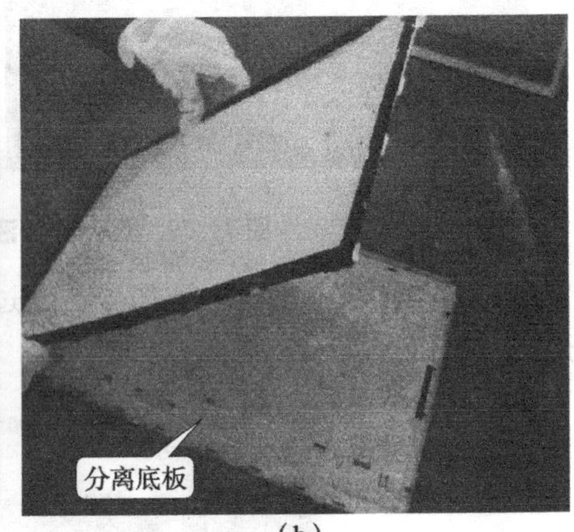

（a） （b）

图 3-32　分离液晶面板组件的底部部分

（a）分离固定边框；（b）分离底板

将塑料边框取下，即可看到背光源部件，如图 3-33 所示。

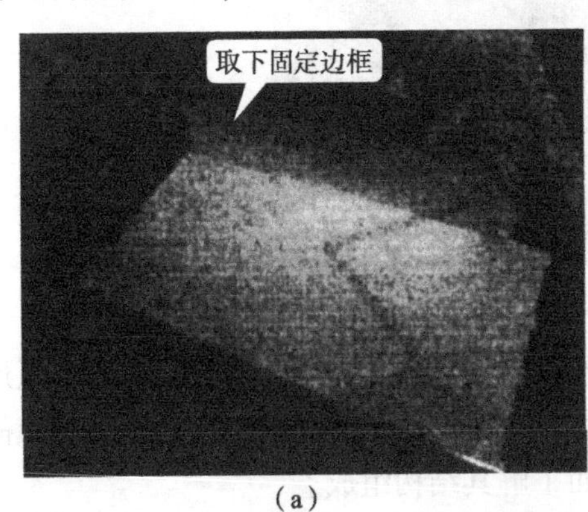

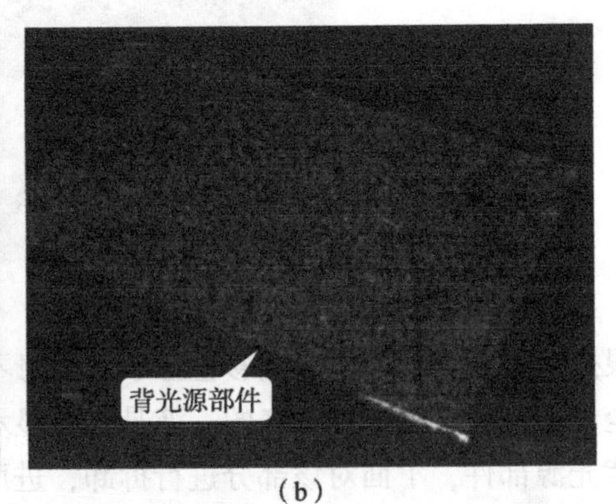

（a） （b）

图 3-33　液晶显示屏的背光源部件

（a）取下固定边框；（b）背光源部件

接着，轻轻向外反转背光灯槽即可将背光灯连同其传输引线取下，如图 3-34 所示。背光灯管取下后，剩余部分为反光板和导光板，如图 3-35 所示。

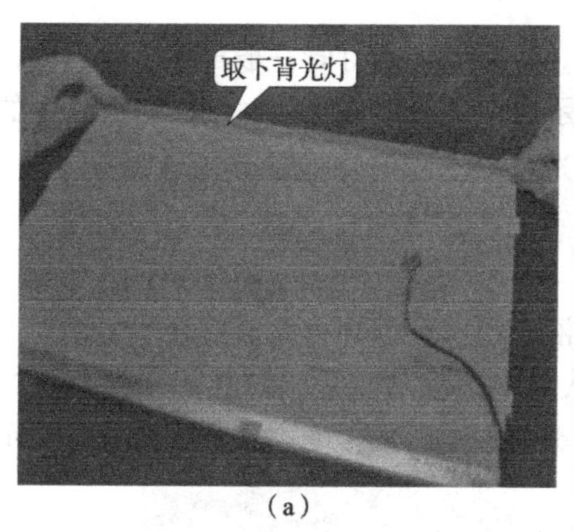

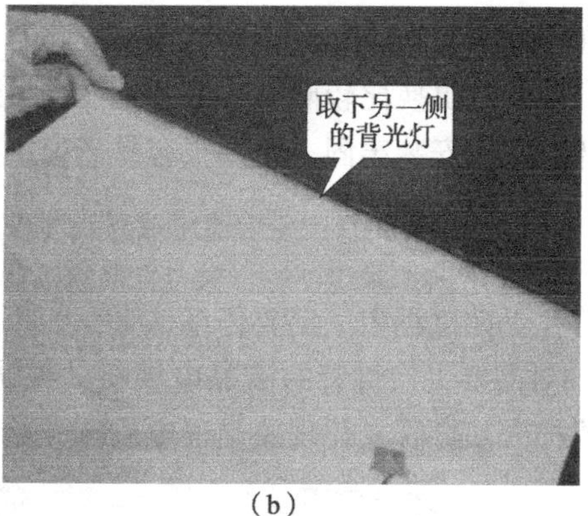

（a）　　（b）

图3－34 取下背光灯

（a）取下背光灯；（b）取下另一侧背光灯

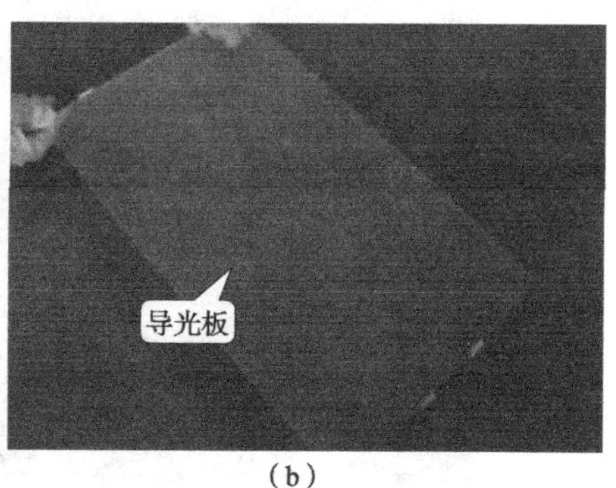

（a）　　（b）

图3－35 反光板和导光板

（a）反光板；（b）导光板

至此，液晶面板组件的拆卸完成，如图3－36所示。

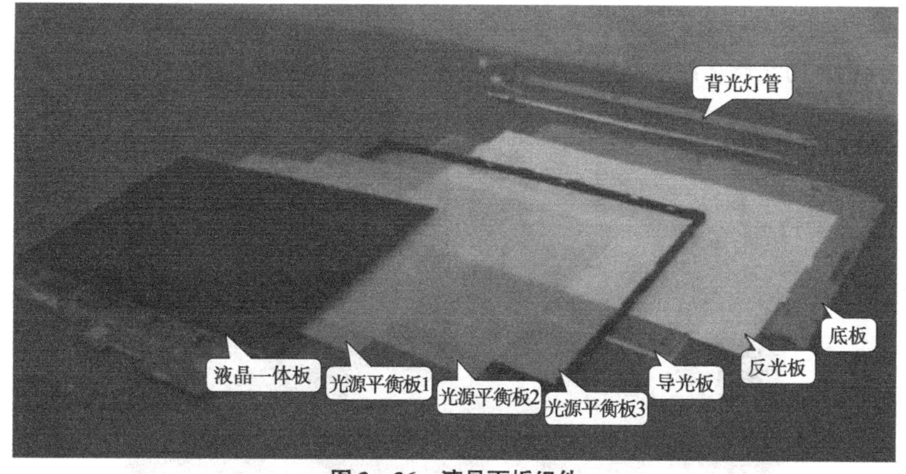

图3－36 液晶面板组件

3.4 液晶显示屏、灯管的拆卸与安装

液晶显示屏灯管的寿命一般在2万～4万h，不过因为元件的老化和灯管的差异性，灯

管一般在使用 1 万 h 以上时就容易出现故障了。液晶电视的灯管一般都在屏幕后部，多采用内嵌式，灯管的更换比较麻烦，必须把液晶显示屏取下来才能更换，同时灯管外面的灯罩还不能损坏，必须安装牢固，否则很容易产生漏光现象，影响使用效果。

1. 灯管更换过程

灯管在更换过程中一定要仔细认真，如果液晶显示屏损坏将无法修复。

(1) 对需要更换灯管的液晶电视机，先认真观察故障现象，防止出现误判，产生不必要麻烦或损失。灯管老化现象是通电后刚开始黑屏，然后慢慢变红，如图 3－37 所示。

图 3－37　灯管老化现象

(2) 找一块比较大的场地，能够存放拆下来的液晶面板、灯架、反光板等配件。

(3) 首先将液晶显示屏倒扣在干净无杂物的桌面上。在倒扣之前务必检查桌面有无螺钉或其他异物，防止压坏液晶面板，如图 3－38 所示。

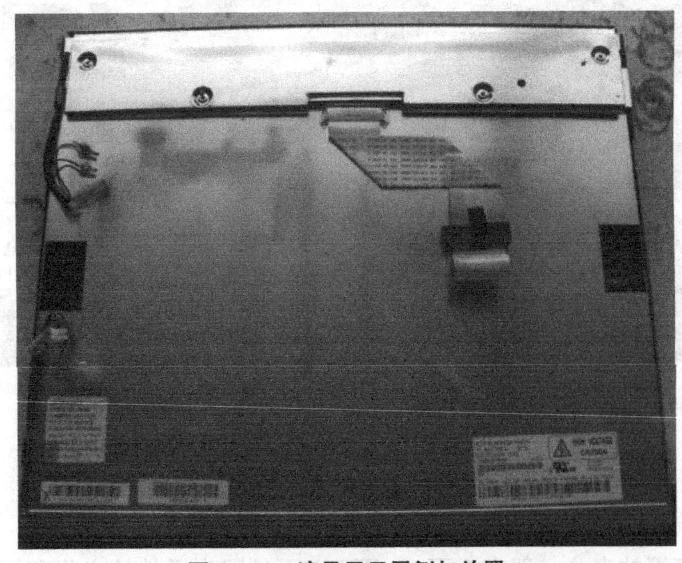

图 3－38　液晶显示屏倒扣放置

（4）观察液晶显示屏的结构，因为部分液晶显示屏不需打开，只需要按灯架方向取下固定销扣和固定螺钉，即可沿灯管方向抽出灯架。如果在屏的背部有灯管的固定螺钉，要先将螺钉去除，同时还应将液晶显示屏电路板的屏蔽金属罩取下，如图3－39所示。使用螺钉对电路板进行固定或使用其他方法固定，应保证电路板不随屏的翻转而移动。

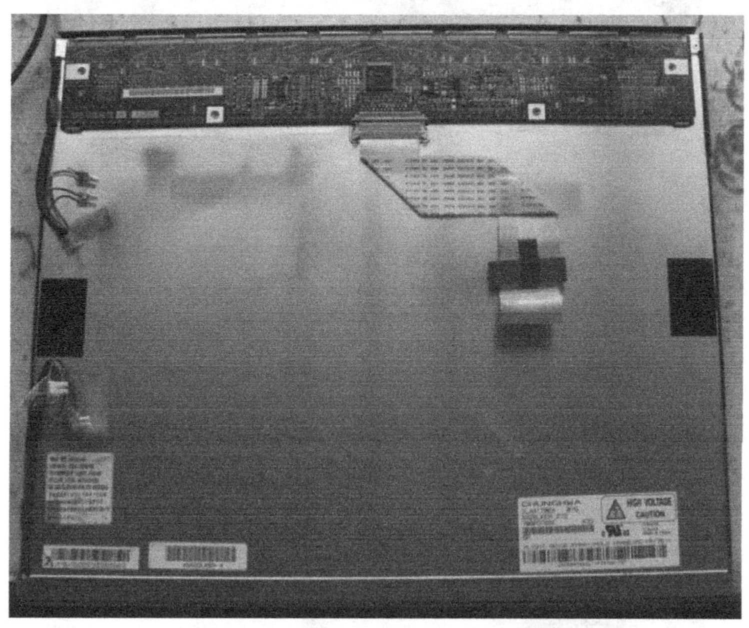

图3－39　取下电路板的屏蔽金属罩

（5）对于不能抽出灯架的液晶显示屏，将屏竖起（一定要抓紧屏）。使用2.5mm×65 mm的小一字螺丝刀，将屏的金属外框的销扣轻轻打开。操作要领：将屏一侧面向自己，左手抓住屏，同时右肘在屏的外侧。右手持一字螺丝刀进行操作。这样万一手打滑，不至于屏跌落到桌面，肘和身体可起缓冲保护作用，如图3－40所示。

(a)

(b)

图3－40　操作示意

（6）全部销扣打开后，将液晶显示屏面板向上扣在桌面上，向上轻轻取下金属边框，如图3－41所示。

（7）接下来将液晶显示屏整体倒扣在干净、无杂物的桌面上，轻轻向上抬起，使液晶面板与背光组件分离，如图3－42所示。个别的液晶显示屏会在液晶面板四周和屏固定框中加有固定胶，如果不能自然分离，可使用刀片，在抬起背光组件同时，慢慢地用刀片将粘接物划开。

（8）取下背光组件后，将电路板（逻辑板）与面板平齐放在桌面上，如图3－43所示。

（9）使用干净无毛屑的纸张（可以使用POP广告纸），将液晶面板遮盖起来，防止在更换灯管期间落下灰尘颗粒，形成暗点，如图3－44所示。

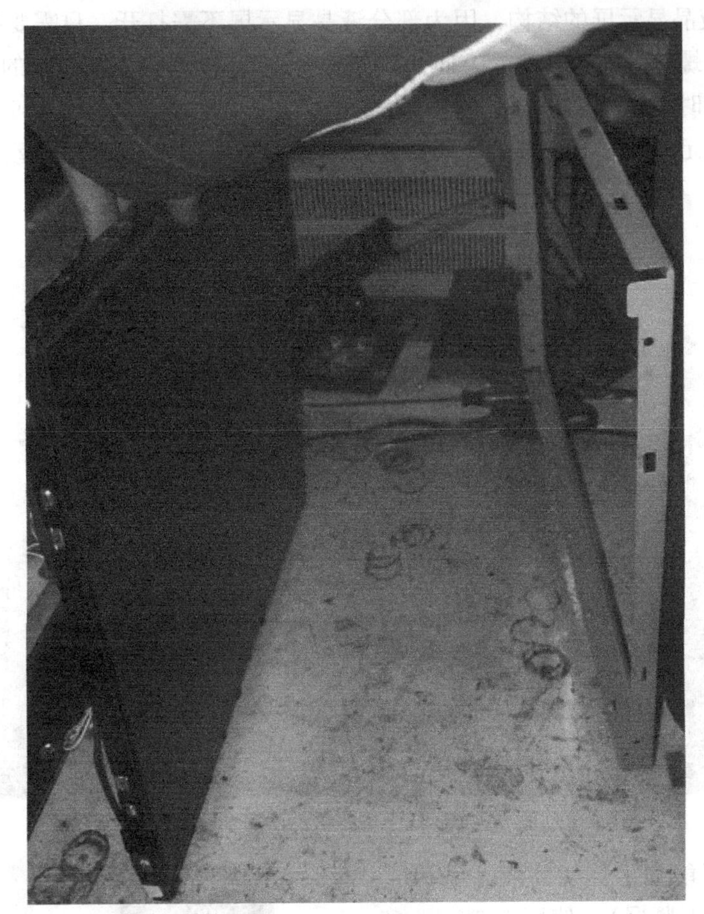

图 3－41　取下金属边框

图 3－42　分离液晶面板与背光组件

图3－43　电路板与面板平齐放置

图3－44　用POP广告纸遮盖液晶面板

（10）更换工作位置，再使用一字螺丝刀将背光灯升压板的固定塑料框的销扣一一打开。将背光灯升压板正面向上（白色面）放在桌面上，将有故障灯管的一侧抬起，慢慢将塑料边框与背光灯升压板分离，如图3－45所示。

图3－45　分离塑料边框与背光灯升压板

（11）拆下面板支撑塑料框后的背光组件，如图 3－46 所示。

图 3－46　拆下背光组件

（12）如果有条件可以戴上白手套，防止使反光膜和偏光膜等背光组件粘上灰尘，然后小心地抽出、取下灯架，如图 3－47 所示。

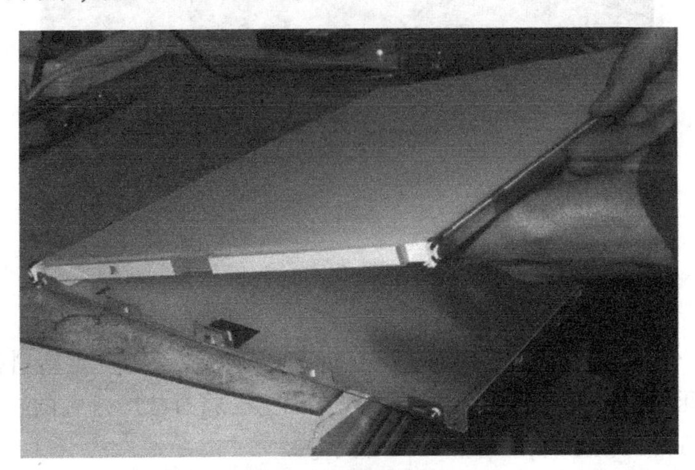

图 3－47　取下灯架

（13）一般情况下，不要拆下背光灯升压板、透光膜、偏光膜、增透膜、反光膜等。如果确实有必要取下上述组件时，一定要在拆之前按顺序拆下上述组件，使用记号笔对其顺序进行标记，同时还要标记方向。如果上述组件装反，会影响图像效果，需要重新返工。

（14）更换灯管时，选用灯管的长度应略小于灯架的长度，灯管（图 3－48）的长度一般按玻璃管的净长度计算。

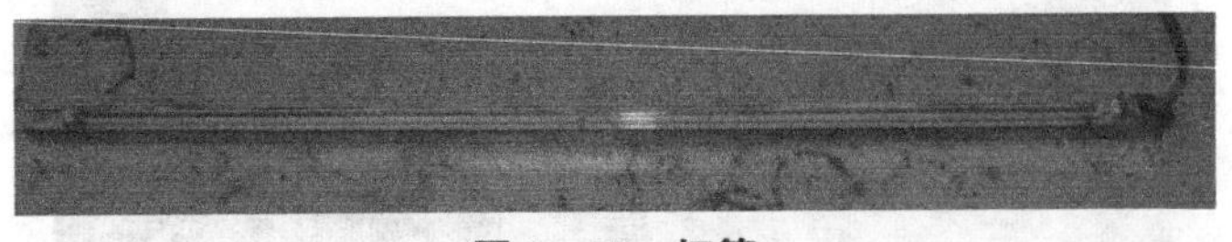

图 3－48　灯管

① 因为灯管都是通过热缩管和橡胶套固定的，为了方便取出，可用剪刀或刀片将需更换灯管一侧（高压端）的绝缘胶套划开，然后向上取出灯管，再用电烙铁焊开连接线与灯管的焊点。然后再划开反馈线（黑线或白线）端的橡胶套，如图3－49所示，按同样方法取下旧灯管。

图3－49 划开橡胶套

② 有的新灯管两端的引线比较长，如图3－50所示，按实际需要长度先剪掉一些，然后用刀将引线刮干净，再用烙铁上锡方便焊接。

图3－50 新灯管

③ 准备更换新灯管时，应先从反馈线（黑线或白线）端更换。先将2.5 mm的热缩管套在反馈线（黑线或白线）上，再使用电烙铁将引线焊接在灯管引脚上，焊接的时间要短。

④ 如果长时间高压打火，引线老化绝缘层容易破碎脱落，同时内部铜线也容易折断，这时灯管引线（图3－51）不够长（一般为反馈线）。

⑤ 可将老化的反馈线剪去一段，用一段绝缘层良好的导线（长度应适合灯管焊接和固定）换上，外加热缩管，这样可方便安装，如图3－52所示。

⑥ 将反馈线（黑线或白线）与灯管连接好后，将热缩管拉到灯管上，注意距离不要长，3 mm即可，热缩管覆盖灯管过长，会在屏幕一角形成暗斑。

⑦ 然后使用热风枪（或其他热源）使热缩管紧固，如图3－53所示。按灯管取出的反方向，将灯管装入绝缘橡胶套。

⑧ 对于四灯大口的高压板，其每组灯管的反馈线是连接在一起，更换比较容易，如图3－54所示。

⑨ 旧灯管上一般有两个环形透明塑料套环（图3－55），是避免灯管与支架相接触，利于灯管散热的，这时应取下来装在新灯管上。

图 3－51　灯管引线

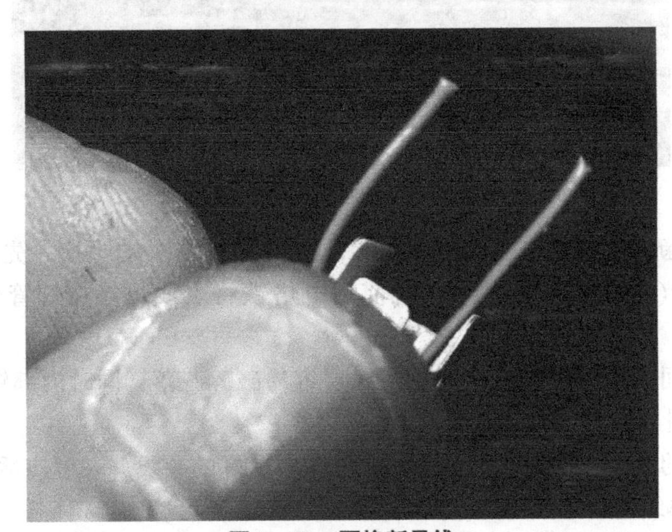

图 3－52　更换新导线

图 3－53　紧固热缩管

图3－54 灯管反馈线

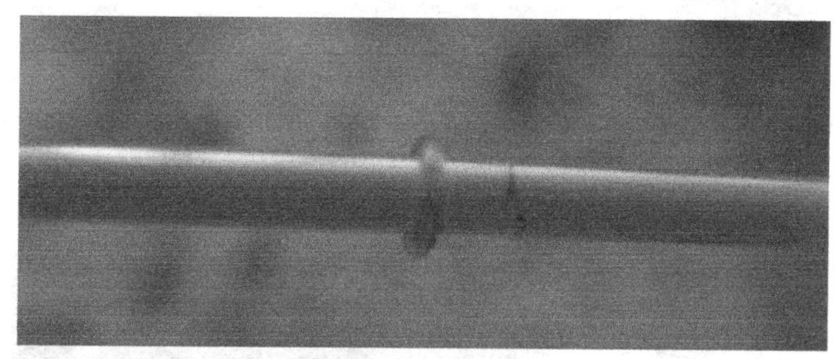

图3－55 塑料套环

⑩ 接下来再按同样的方法对高压线端（红线或蓝线）进行焊接和固定，如图3－56所示。一定要注意灯管的两端焊点的绝缘和焊接牢固，防止与金属边框（支架）形成高压放电，造成高压板保护。

图3－56 固定高压线端

⑪ 更换灯管后的灯架与未更换灯管的比较，如图3－57所示。

图3－57 新旧灯管比较

⑫ 灯管更换完毕后应加电测试，可先对高压板进行测试，再接在原机高压板上进行测试，如图 3－58 所示。

图 3－58　加电测试

⑬ 对于双灯大口的显示屏，灯管两端的保护橡胶套可以向灯管中部拉动，不必用刀划开，如图 3－59 所示。

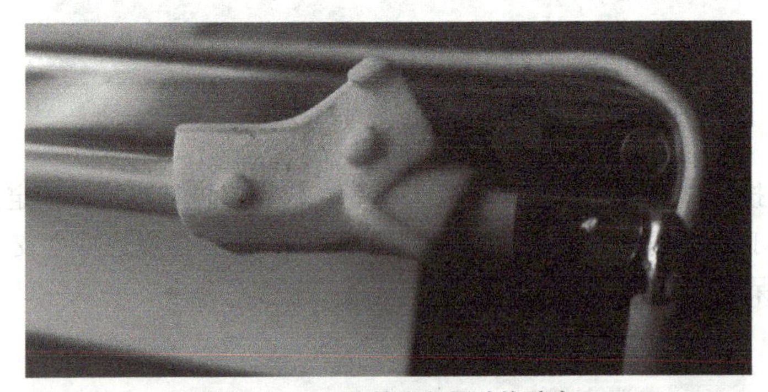

图 3－59　向灯管中部拉动橡胶套

⑭ 对于两支一组的灯管，当其中一支损坏时，我们在更换时可单独更换一支。当然这要求我们必须在没有拆除灯管之前准确判断是哪支灯管有问题，同时还需要更换灯管配套电平，能够稳定可靠工作之后才能确定更换灯管。

⑮ 灯管更换完毕后，应使用原机高压板对换好灯管的灯架进行测试，如图 3－60 所示，防止装机后出现问题重新返工。如果灯管更换正常，接下来就要按反方向装入背光组件，这时的步骤与拆卸时正好相反。在固定灯管时，要注意灯管引线与周围金属屏蔽罩的绝缘，防止高压打火击穿，引起新的保护。

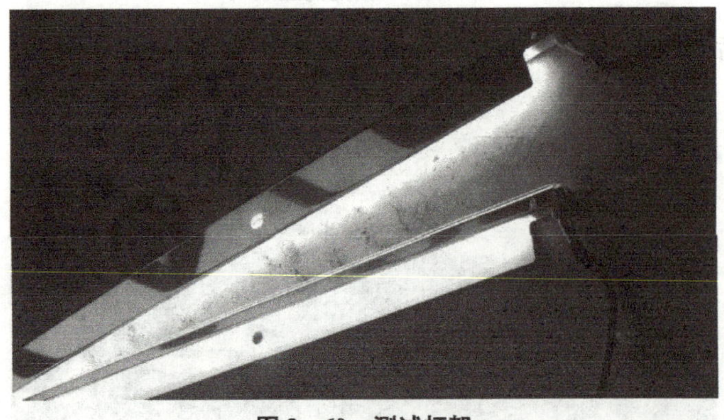

图 3－60　测试灯架

⑯ 将灯架装入背光组件后，扣紧塑料边框，确认所有销扣都正常扣紧后，再检查透光膜表面（图3－61）有无手印或灰尘。如果有灰尘或不小心粘上手印，应使用无水酒精将灰尘或手印小心清除。

图3－61　检查透光膜表面

⑰ 检查偏光膜等背光组件是否放置到位，如图3－62所示。

图3－62　检查背光组件放置位置

⑱ 确定位置正确后，将塑料固定框按原样装回，应注意反光膜等无边角漏出，如图3－63所示。

⑲ 背光组件安装完成后，应加电试屏，检查灯管是否正常发光，有无明显的漏光、暗光现象，如图3－64所示。

⑳ 将换好灯管的背光组件倒扣在液晶面板上。液晶面板取下后一直放着不要移动，因为显示屏电路板与屏面板相连的COF（Chip On Flex or Chip On Film）很脆弱，很容易脱离或虚接。在换好灯管后出现新的问题，如亮线、白块等，小心地左右移动，以确定液晶面板完全卡入背光组件中。确定液晶面板到位后，将液晶电路板反过来并进行简单固定。

㉑ 将液晶显示屏整个反过来，再次检查液晶面板是否完全卡到位，并用手仔细触摸，以确定液晶面板与塑料边框边缘平齐，如图3－65所示。

㉒ 重点观察四个角，面板与四角外框平齐，如图3－66所示。

㉓ 在确定完全到位后，将金属边框先沿COG（Chip On Glass）方向扣下，确定销扣到位后，再把其他三面顺序按下，并使用销扣扣紧，如图3－67所示。

图 3－63　安装塑料固定框

图 3－64　加电试屏

图 3－65　检查液晶面板

图 3－66　面板与四角外框平齐

图 3－67　使用销扣扣紧

㉔ 如果发现某一侧销扣不能扣紧，这时不要强力按下，防止液晶面板破碎，应认真检查原因。待查出原因原后，将金属边框扣紧，如图 3－68 所示。

图 3－68　扣紧金属边框

㉕ 再将液晶显示屏反扣在桌面上，将液晶电路板进行完全固定，并对灯管引线进行固定。

㉖ 灯管更换好后，应上机检查，有无漏光、暗斑或其他异常，在确定正常后，即可交付客户。

㉗ 有些灯管打火严重，会造成灯管断裂。因为长时间发热，塑料外框也会过早老化或炭化，甚至在反光膜和透光板上留下擦不去的黄斑。

2. 液晶显示屏的维修与拆解

1）液晶显示屏的维修

在条件允许下可以对液晶显示屏进行维修，不过我们所能够做的维修只能对电子电路部分进行维修，不能对COG电路进行焊接和更换。

（1）液晶显示屏容易出现问题的是接口、LVDS IC、PWM IC这几个部分。

（2）故障现象分类：白屏、灰屏、花屏、白斑或灰斑。

（3）故障维修。

①白屏：白屏分为两种情况：

a. 有信号输入，整个屏幕是白的，看不清图像，这是由于控制电路板故障引起的；

b. 有信号输入，整个屏幕是白的，能够看到图像，但图像仿佛被一层雾罩住，这是由于LCD不良所致，无法修复，需要更换LCD屏。

②灰屏："灰屏"是液晶彩电维修界的一种通俗说法，是指二次开机后，背光亮、无图像、无字符，但电视机伴音及各项控制正常。说明该电视机电源电路、背光灯驱动电路、背光源基本正常，故障原因应是液晶面板未工作，具体原因包括逻辑板未工作或工作异常，屏内的行列驱动电路未工作，或液晶面板损坏等。

③花屏：屏幕有图像，但图像上覆盖有点状、片状、马赛克等干扰。对应的维修：检查信号源、逻辑板、LVDS信号、主板、屏参、液晶显示屏。

④白斑或灰斑：其中灰斑多是玻璃基板受压变形后造成的遮光效果，这种灰斑修复的概率不高。白斑的产生多数是背光组件有灰尘或是受压后形成的，具体位置可以去掉玻璃基板给灯管通电后，逐层检查背光组件即可发现白斑所在的部位。一般白斑形成的部分都在导光板上，导光板就是背光组件中最厚的、透明的并且表面布有导光点的玻璃板。如果导光板的表面有灰尘、油脂、磨损的话就会造成遮光而形成白斑。修复的方法一是直接更换导光板，出现表面磨损的情况一般这样做；方法二是用吸尘布配合清洁液仔细清洗导光板，把表面的污渍清除白斑即可消失。

2）液晶显示屏拆解

（1）去除背部电路板的固定螺钉或屏蔽罩。

（2）液晶面板倒转180°，使电路板靠近自己的方向。

（3）使用一厚度与液晶面板相当的板子放在与液晶面板齐平的位置。

（4）反转液晶电路板，使用液晶背部电路板倒放在木板上，并用重物压住不动。

（5）使用万用表等工具进行检修。

3.5 液晶面板组件的检修

液晶面板组件故障主要可分为电路故障和液晶显示屏物理损伤故障。电路故障是指液晶面板组件中因驱动电路部分不良引起的显示屏白屏、黑屏、亮线、暗线、花屏等故障，该类故障一般可以通过检修驱动电路板或更换驱动芯片（IC）进行修复；液晶显示屏物理损伤则是指显示屏表面划伤、显示屏本身制作工艺不良引起的亮带等故障，一般该类故障无法进行修复，需要整体更换液晶显示屏。

1. 液晶面板组件电路故障的特点

液晶面板组件的电路板如图3－69所示。它主要是指液晶显示屏驱动电路的PCB（印制电路板）板和TAB（各向异性导电胶连接）驱动芯片部分。

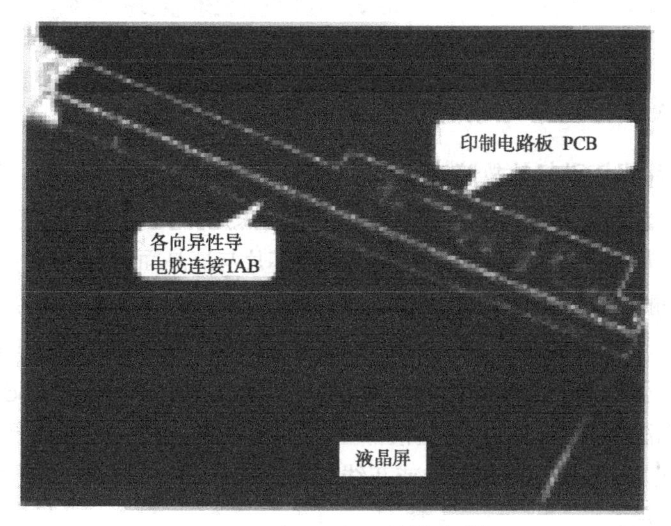

图3－69 液晶面板组件的电路板

液晶面板驱动接口电路PCB板，该部分元件采用表面贴装技术安装在电路板上，若元件或芯片损坏，直接更换即可，检修方便。

而液晶面板组件中主要电路在TAB驱动芯片内，TAB方式是一种将驱动IC连接到液晶显示屏上的方法；液晶显示屏的驱动IC采用TCP封装形式，是一种集成电路的封装形式，它将驱动IC封装在柔性电缆上。

将上述连接方法和封装技术相结合，即将TCP封装的驱动IC的两端用各向异性导电胶分别固定在PCB板和液晶显示屏上，称这种形式的驱动芯片为TAB驱动芯片（有时TAB和TCP混用）。液晶面板组件中的TAB驱动芯片如图3－70所示。

TAB板又可分为COF和COG结构。

COF是运用软质附加电路板作封装芯片载体将芯片与软性基板电路结合的技术，或单指未封装芯片的软质附加电路板。

COG即芯片被直接固定在玻璃上。这种安装方式可以大大减小LCD模块的体积且易于大批量生产，适用于消费类电子产品的LCD，如手机、PDA等便携式数码产品。

采用 COF 结构形式的 TAB 板较容易检修，但 COF 中的 TCP 封装的芯片损坏，一般需要更换整个液晶面板组件。

图 3－70　液晶面板组件中的 TAB 驱动芯片

2. 液晶面板组件的常见故障表现和故障部位

1）由驱动芯片损坏引起的故障表现

根据前述内容，液晶显示屏与驱动接口电路之间采用 TAB 方式进行连接，该连接方式中其连接引脚容易受损伤断裂，驱动芯片不良或驱动芯片与液晶面板的连接不良等是液晶面板最为常见的故障，一般该故障不可修复，如果显示图像时坏点过多，需整体更换液晶面板。

液晶面板的驱动芯片主要分为源极驱动芯片和栅极驱动芯片。源极驱动芯片负责液晶显示屏垂直方向的驱动，每个芯片驱动若干条垂直电极，当其中任何一个芯片损坏或虚焊时，其所对应的像素无法被驱动，由此引起液晶显示屏上图像出现垂直方向异常，如常见的垂直亮线或暗线（黑线）、垂直方向的虚线或灰线等。液晶显示屏源极驱动芯片不良引起的故障表现如图 3－71 所示。

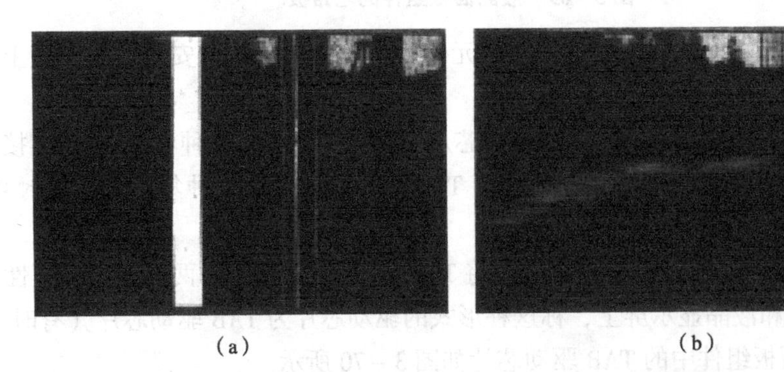

（a）　　　　　　（b）

图 3－71　液晶显示屏源极驱动芯片不良引起的故障表现

（a）垂直亮线或暗线（黑线）；（b）垂直方向的虚线或灰线

栅极驱动芯片负责水平方向的驱动，每个芯片驱动若干行，当其中任何一个芯片不良或虚焊时，其所对应的行就不能被驱动，由此引起液晶显示屏上图像出现水平方向的异常，由液晶显示屏栅极驱动芯片不良引起的水平亮线或暗线（黑线）、水平方向的虚线或灰线等故障表现如图 3 – 72 所示。

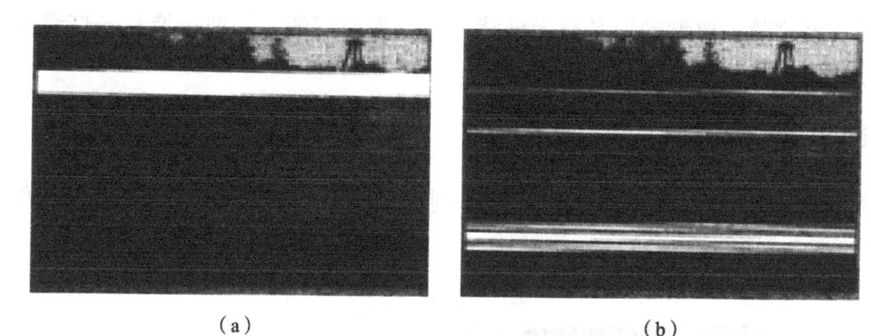

(a)　　　　　　　　　　(b)

图 3 – 72　栅极驱动芯片不良引起的故障表现

(a) 水平亮线或暗线（黑线）；(b) 水平方向的虚线或灰线

【要点提示】

根据上述该类故障引起的液晶彩色电视机的故障表现，读者可根据检修过程中的具体情况进行对照比较，判断是否存在上述问题，如确认上述故障应更换液晶显示屏，提高维修效率。

2）由液晶显示屏驱动接口电路引起的故障表现

液晶彩色电视机的液晶显示屏驱动接口电路是一种传递信号的电路，若该电路有故障，则液晶显示屏驱动信号（LVDS）将无法经驱动芯片送至液晶显示屏上，通常会引起电视机无图像、花屏、白屏、黑屏等故障。

由液晶显示屏驱动接口电路引起电视机图像异常的故障，多为接口插座虚焊、数据线插接不良、驱动电路中存在异常元件等引起的，一般通过对接口插座进行补焊、更换数据线、替换电路板及不良元件等措施即可排除故障。

(1) 采用替换法更换液晶面板的驱动数据线。值得注意的是，选用的屏线两侧的插头应与原数字板及液晶显示屏驱动板上的插座相匹配。

更换驱动线后，通电试机发现故障依旧，接着检查其驱动接口电路是否正常。

(2) 用示波器检测液晶显示屏驱动接口电路输出端的 LVDS 信号波形。

3）由背光部分引起的故障表现

液晶显示屏本身不能发光，其显示图像需要背光灯为其提供背光源，若背光灯损坏或不工作常会引起电视机屏幕出现显示不正常或暗屏的故障，其故障表现如图 3 – 73 所示。

(a)　　　　　　　　　　(b)

图 3 – 73　背光灯损坏或不工作引起的故障

(a) 电视机屏幕显示不正常；(b) 电视机屏幕显示暗屏

暗屏的故障多是指有图像显示，但由于背光灯不亮使液晶显示屏幕发暗，侧面看能够隐约看到图像。该故障为典型的液晶显示屏背光灯不亮引起的，一般更换背光灯管或检修背光灯供电部分即可排除故障。

案例训练

一典型液晶彩色电视机开机后屏幕靠右侧部分出现白色亮带，其故障表现如图 3 - 74 所示。

图 3 - 74　屏幕右侧出现白色亮带

电视机显示图像时屏幕有明显的白色亮带，根据维修经验，引起该故障的原因主要有：液晶面板驱动数据线有断线、液晶显示屏驱动接口电路不良、TAB 驱动芯片损坏、驱动芯片与液晶显示屏连接不良或液晶显示屏本身有故障等，检修时可采用排除法一一排除，最后找出故障部位，并排除故障。

经检测，该电路板输出端信号正常，所测得的信号波形如图 3 - 75 所示。

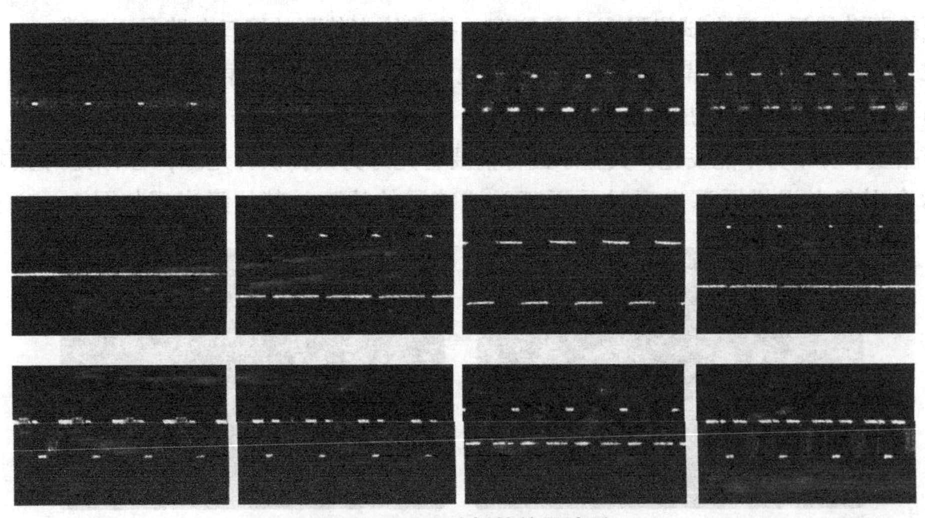

图 3 - 75　电路板的信号波形

表明该电路板正常，由此怀疑该故障是由 TAB 驱动芯片，或驱动芯片与液晶显示屏连接不良及液晶显示屏本身故障引起的。由于采用 TAB 连接方式的驱动芯片与液晶显示屏在出厂前已通过特殊的压接工艺制作成为一个整体，一般只能更换液晶面板组件或液晶显示屏。

【要点提示】

液晶面板组件通常可分为背光源和液晶一体板两个部分，更换时，若背光源部分正常，只更换液晶一体板部分，但必须采用型号和尺寸相同的液晶面板进行替换。

项目 4　液晶电视机逆变电路

本项目主要介绍液晶电视机逆变板结构、器件特征、逆变电路工作原理、主要元器件的检测以及逆变电路故障分析与检修方法。由于逆变电路是液晶电视机故障的多发区，它的故障率较高，因此掌握液晶电视机电源故障的检修技能是必要的。

学习目标

1. 了解液晶电视机逆变板的结构组成及工作原理。
2. 熟悉液晶电视机逆变板的主要元器件。
3. 掌握液晶电视机逆变电路故障分析与检修方法。

4.1　逆变板结构与器件特征

背光灯升压板，顾名思义是对背光灯供电升压的器件，简称升压板，又称为高压板、屏逆变压板（简称逆变板，英文“Inverter”，简写“NV”）。

经验　背光灯升压板上的元器件布局紧凑，工作电流大（6 ~ 10 A），输出的交流电压高，所以故障率很高，仅次于电源板。

技巧　背光灯升压板正常工作的表现：液晶显示屏组件内的灯管亮；万用表置交流电压挡后其表笔接触到背光灯升压板的输出接口外壳，应用 20 ~ 30 VAC 感应电压；开机后高压棒触碰灯管接口的引脚应有微弱蓝色火花出现。

背光灯升压板是一种 DC/DC 转换器，受主处理信号板上的 CPU 控制，把电源板提供的 +24 V（多数为 +120 V 电压、少数小屏幕为 +12 V），转换成高频高压交流电压（40 ~ 100 kHz、800 ~ 1 600 V，启动时则高达 1 500 ~ 1 800 V），供给液晶显示屏组件内的背光灯管，点亮背光灯管作为液晶显示屏面板的背光源。具有节能功能的液晶电视机背光灯升压板，还要根据主信号处理板上 CPU 输出的背光亮度控制命令，自动调整输出的高频高压脉冲的宽度，以调整液晶显示屏组件内的背光灯管发光强度，实现背光亮度模式调控。背光亮度模式分为：标准发光、节能 1 发光、节能 2 发光。

图 4 - 1 所示为背光灯升压板。电路板呈现条状，其上有两个至几十个相同的、体积大的高压变压器，还有与高压变压器数量相同的、有两个粗引脚的灯管接口。

按背光灯升压板与屏内灯管连接方式分类有：多根灯管独立连接、所有灯管并联。目前的液晶电视机一般采用前者，其上的各变压器次级独立，一个变压器驱动液晶显示屏组件内的1～2个背光灯管。由此推理，背光灯升压板设置有多个高压变压器，液晶显示屏内设置有同等或两倍数量的背光灯管。

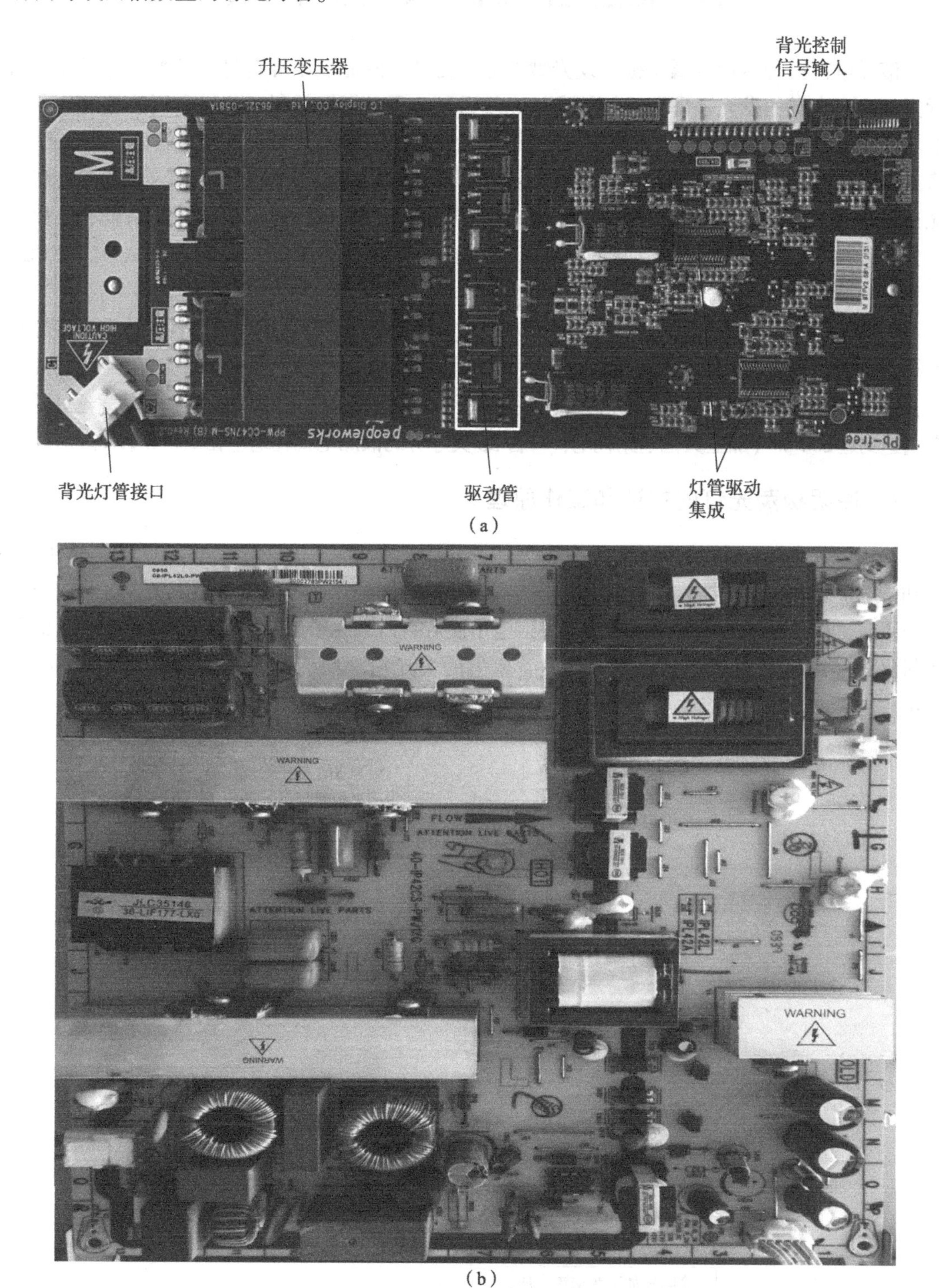

（a）

（b）

图4－1　背光灯升压板

（a）背光灯升压板；（b）背光灯升压板与电源板整合成的IP板

4.2 液晶电视机逆变板的工作原理

液晶电视机的显示屏属于被动发光型的显示器件，液晶显示屏自身不发光，它需要借助背光灯来实现屏的发光，即背光灯管发出光线通过液晶显示屏透射出来，利用液晶的分子在电场作用下控制通过的光线（对光进行调制）以形成图像，所以，一块液晶显示屏工作成像必须配上背光源才能成为一个完整的显示屏，要显示色彩丰富的优质图像，要求背光灯的光谱范围要宽，接近日光色以便最大限度地展现自然界的各种色彩。目前的液晶显示屏背光灯，一般采用的是光谱范围较好的冷阴极荧光灯（Cold Cathode Fluorescent Lamp，CCFL）作为背光源。

大屏幕的液晶电视机要保证有足够的亮度、对比度和整个屏幕亮度的均匀性，均采用多灯管系统，32 英寸屏一般采用 16 支灯管，47 英寸屏一般采用 24 支灯管。耗电量每支灯管约为8 W计算，一台 32 英寸屏的液晶电视背光灯耗电量达到 130 W，一台 47 英寸屏的液晶电视背光灯的耗电量达到近 200 W（加上其他电路耗电，一台 32 英寸屏的液晶电视耗电量在 200 W 左右）。

1. 冷阴极荧光灯的构造和工作原理

冷阴极荧光灯 CCFL 是气体放电发光器件，其构造类似常用的日光灯，不同的是采用镍、钽和锆等金属做成无须加热即可发射电子的电极——冷阴极来代替钨丝等热阴极，灯管内充有低压汞气，在强电场的作用下，冷阴极发射电子使灯管内汞原子激发和电离，产生灯管电流并辐射出 253.7 nm 紫外线，紫外线再激发管壁上的荧光粉涂层而发光，其发光过程如图4－2所示。

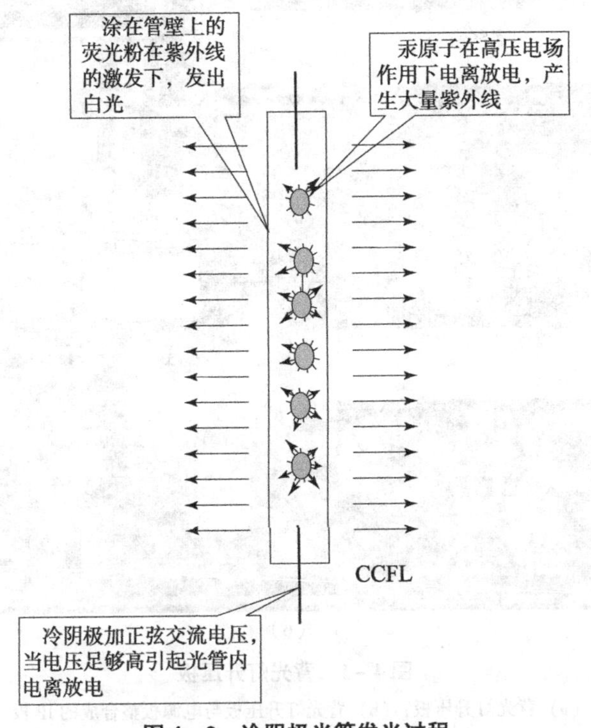

图 4－2　冷阴极光管发光过程

2. 冷阴极荧光灯的特性

冷阴极荧光灯是一个高非线性负载，它的触发（启动）电压一般是三倍于工作（维持）电压，电压值的大小和灯管的长度与直径有关。冷阴极荧光灯在开始启动时，当电压还没有达到触发值（1 200 ~ 1 600 V）时，灯管呈正电阻（数兆欧）。一旦达到触发值，灯管内部产生电离放电产生电流，此时电流增加，灯管两端电压下降呈负阻特性（图 4 - 3），所以冷阴极荧光灯触发点亮后，在电路上必须有限流装置，把灯管工作电流限制在一个额定值上，否则会因为电流过大烧毁灯管，电流过小点亮又难以维持。

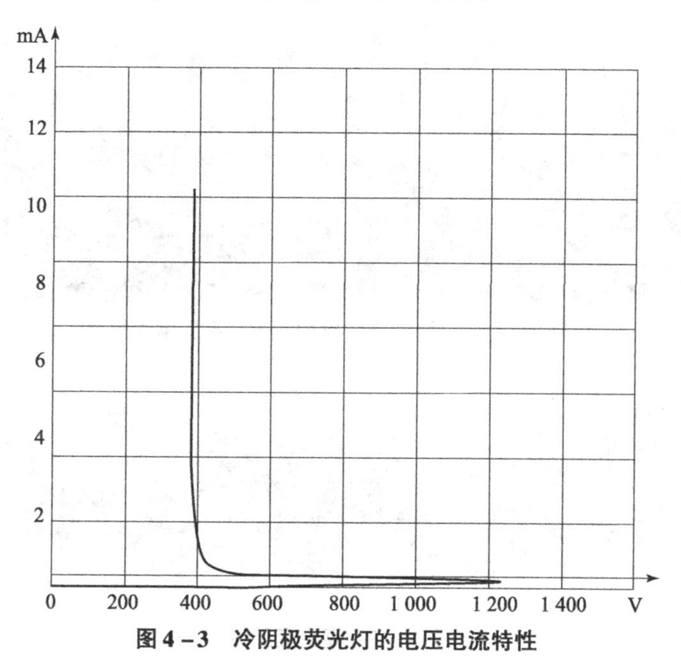

图 4 - 3 冷阴极荧光灯的电压电流特性

图 4 - 3 所示为冷阴极荧光灯的电压电流特性，垂直轴表示流过灯管的电流，水平轴表示灯管两端电压。在灯管开始点亮之前，水平轴上灯管两端的电压上升；当还未达到灯管触发电压时（1 200 V 以下），灯管电流基本没有；当达到触发电压时（1 200 ~ 1 600 V），灯管内部汞原子电离，产生电流，灯管点亮，由于电流上升，灯管两端电压急剧下降，并维持在 400 V 左右，此时由于外电路的限流作用，灯管两端的电压基本上维持在触发电压的大约 1/3 处，灯管两端电压的小幅度变化会引起灯管电流较大幅度的变化（电流大幅度的变化，直接影响灯管的使用寿命）。点亮灯管后维持灯管两端电压的稳定性是重要的。

冷阴极荧光灯在良好的供电环境下，寿命可以达到 25 000 ~ 50 000 h（近似于 CRT 寿命），即灯管供电的频率、波形、触发电压、维持电压、灯管电流要符合该灯管的特性，对于有亮度控制的灯管，波形要求更加严格，否则灯管寿命大大缩短。有些屏的背光灯管和液晶显示屏是做成一个整体不可换的，灯管损坏，屏体整体也成废品。冷阴极荧光灯要求高效率、长寿命，那么对其灯管的供电、激励部分是要符合灯管的特性，供电电流必须是交流正弦波，频率为 40 ~ 60 kHz，触发电压在 1 200 ~ 1 600 V，维持电压约是触发电压的 1/3（由灯管的长度和直径决定），由于每一支灯管的电压/电流特性并不是完全一样，灯管不能直接并联使用（串联使用虽然可以点亮，由于特性的差异造成相串联的灯管的亮度不同，会造成整屏亮度不均匀），所以在多灯管液晶显示屏中，每一支灯管均单独配一只高压变压器，图 4－4 所示为三星 32 英寸屏的背光灯高压驱动板，该屏有 16 支灯管，其驱动板上就有 16 个高压输出变压器，如图 4－5 所示。图 4－6 所示为三星 32 英寸液晶显示屏背光灯高压驱动电路的信号流程框图。

目前背光灯高压驱动板和液晶显示屏是配套出厂的，不同型号、尺寸的液晶显示屏，其高压驱动板是不可互换的。

图 4－4　三星 32 英寸屏的背光灯高压驱动板

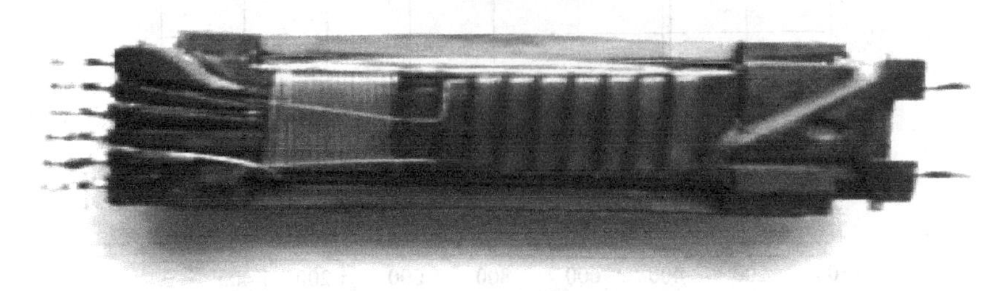

图 4－5　高压变压器

关于冷阴极荧光灯的亮度控制：液晶电视机也应该和 CRT 电视机一样能进行亮度控制，但是冷阴极荧光灯因为其特有的非线性特性，用普通的依靠改变电压控制电流的亮度控制方法有一定的困难，虽然发光亮度的增大可以通过增大灯管的电流来实现，但增大电流改变亮度的作用是有限的，且过大的电流会使灯管的电极受到损害，进而导致灯管的寿命缩短，同样减小电流控制亮度减小的作用也极其有限，并且电流减小会使放电难以维持导致熄灭，灯管弱电流放电对灯管的寿命也是不利的。

所以目前冷阴极荧光灯的亮度控制均采用脉冲调光，具体方法是：用 30～200 Hz 的低频 PWM 脉冲波（PWM 脉冲波的宽度受控于 CPU）对施加于冷阴极荧光灯管上的连续振荡高压进行调制，使连续振荡波变成断续振荡波，从而达到控制亮度的目的，其控制原理是：断续的在极短间内停止对冷阴极荧光灯供电，由于时间极短，不足以使灯管的电离状态消失，但是其辐射的紫外线强度下降，管壁上的荧光粉的激发虽减小，亮度也下降，只要控制 PWM 脉冲的占空比，就可以改变灯管在一个导通/关闭周期的时间比，从而达到控制灯管平均亮度的目的，如图 4－6 所示。调制器输出的脉冲串信号，目前的技术难以达到 400: 1 或更高的调光控制。

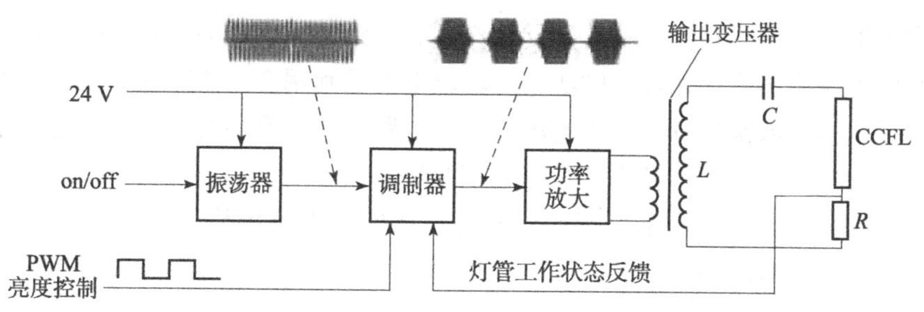

图4－6　三星32英寸液晶显示屏背光灯高压驱动电路的信号流程框图

但是，由于此种控制方式是反复地启动、截止灯管，即在每一个启动、关闭周期都会造成灯管高启动电压及电流的突变冲击，这对于气体放电灯的电极而言是极为不利的，会大大地缩短灯管的寿命。为了解决这一问题，目前均采用一种“柔性”启动技术，即对调光脉冲包络的前沿和后沿，采用连续线性增幅和降幅的处理（前沿是一个逐步增大的过程，后沿是一个逐步减小的过程）（图4－7），这样经过线性变幅处理后的高压脉冲波，再作用于灯管上，就不会对灯管造成损伤，也不会影响灯管的寿命。为了防止断续时间过长灯管熄灭，PWM脉冲信号的频率控制在50～200 Hz。脉冲调光方法控制亮度的范围比较大，只要波形符合要求，对灯管的寿命没有影响。但是具有脉冲调光的背光灯驱动电路比较复杂，技术要求高。

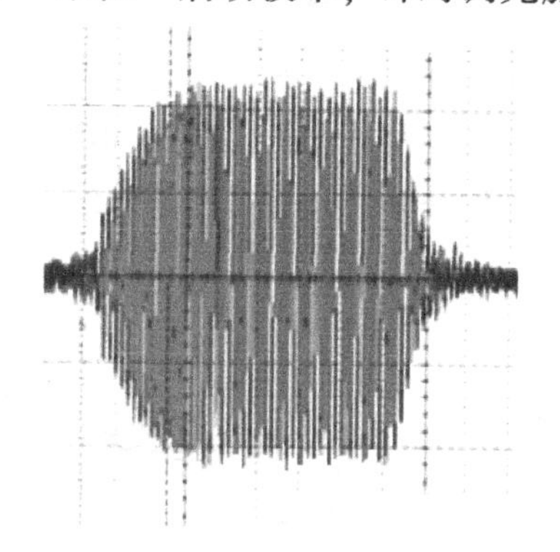

图4－7　柔性启动电压波形

对于多灯管屏的亮度控制，如果同时间断灯管的瞬间供电，PWM的间断频率会和液晶显示屏的刷新频率差拍，液晶显示屏会出现滚道干扰、闪烁、亮度不均匀等现象，为了防止这种现象产生，加于每个灯管的断续脉冲波相位上有所差异，即对灯管来说，短暂停止供电在多根灯管中，不是同时断电、供电，必须是交替轮流断电、供电。多灯管系统一般把灯管分为4组，供电系统的PWM脉冲有4个通道，输出4路经过PWM调制的高频脉冲波，每个通道向一组灯管供电，通道之间输出的PWM调制脉冲依次移相90°，如图4－8所示。这4组灯管则达到轮流断电、供电，使亮度更均匀，干扰最小，三星32英寸液晶显示屏有16根灯管，分为4组，每组4根灯管（24根灯管液晶显示屏的就每组6根灯管）。

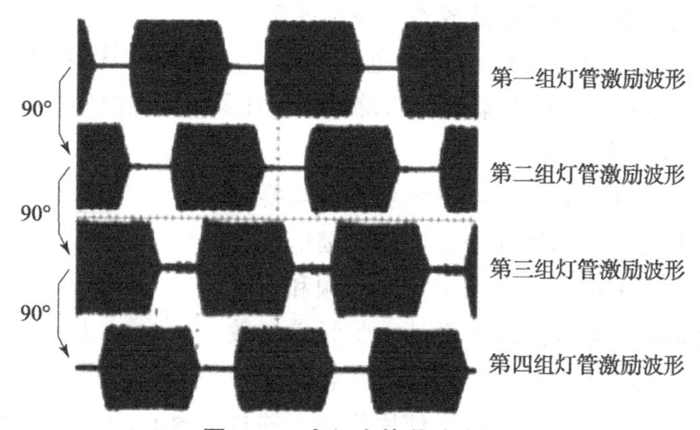

图4－8　多组光管激励波形

功率放大器和输出电路：功率放大器的作用是把调制器调制的高频断续脉冲波，经过放大到足够激励点亮冷阴极荧光灯管的功率。输出电路是利用变压器对功率放大后的激励信号进一步的升压以达到激励并点亮灯管电压，输出电路还有一重要的作用，即把功率放大器输出的方波转化为冷阴极荧光灯管工作必需的正弦波。

目前，功率放大器在各厂家生产的背光灯高压驱动电路中均采用 MOSFET 组成的功率输出电路，电路形式有所不同，共有以下 4 种形式：

1）全桥架构

全桥架构功率放大电路如图 4－9 所示，放大元件由 4 只 MOSFET（两只 N 沟道及两只 P 沟道）组成，应用的供电电压范围宽（6～24 V），最适合在低电源电压的场合应用，适合低电源电压的设备如笔记本电脑等。

2）半桥架构

半桥架构功率放大电路如图 4－10 所示；和全桥架构相比，节省了两只功率放大管（一只 N 沟道和一只 P 沟道的 MOSFET）。在相同的输出功率和负载阻抗情况下，供电电压比全桥架构要提高一倍（电流为全桥架构的一半），用在供电电压较高的设备上（大于 12 V）。

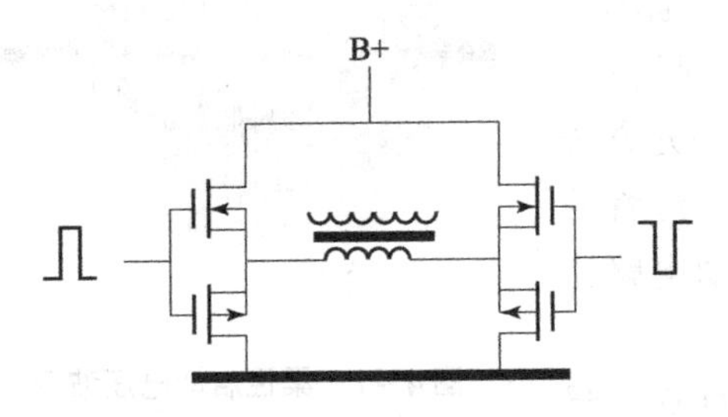

图 4－9　全桥架构功率放大电路

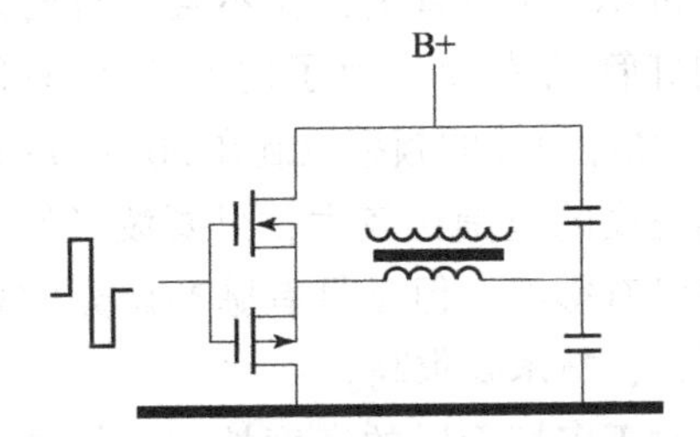

图 4－10　半桥架构功率放大电路

以上两种架构功率输出电路的每一个桥臂的放大元件是 N 沟道和 P 沟道 MOSFET 组成的串联推挽功率输出电路。

3）推挽架构

这种架构的功率放大电路如图 4－11 所示，只用两只廉价的低导通电阻的 N 沟道 MOSFET，使电路的效率更高（P 沟道的 MOSFET 价格高。由于导通电阻大，电路的效率较低），对于 MOSFET 的筛选要求也低，电路所用元件也少，有利于最大限度降低成本。该推挽架构对电源的稳定要求较高（如稳定的 12 V 供电），对于如笔记本电脑的电池电压在使用中逐渐下降的设备，不宜采用此推挽架构的电路。

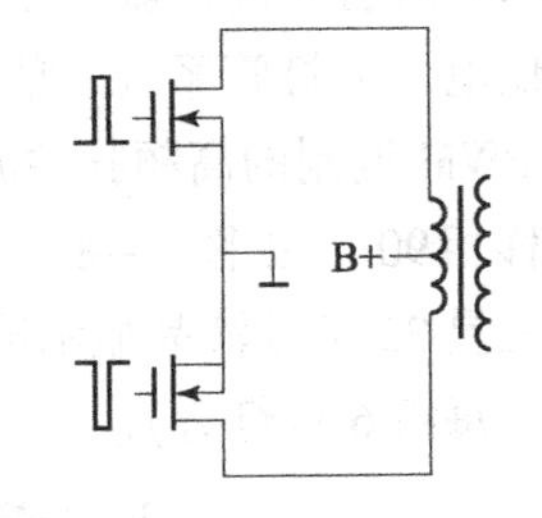

图 4－11　推挽架构功率放大电路

4）Royer 架构（自激振荡）

自激振荡功率放大电路如图 4－12 所示，不需要激励控制电路，主要由两只功率管和变压器加反馈电路组成的最简单应用方式，用在不需要严格控制灯频和亮度的设计中。由于 Royer 架构是自激式设计，受元件参数偏差的影响，很难严格控制振荡频率和输出电压的稳定，而这两者都会直接影响灯的亮度、使用寿命，并且

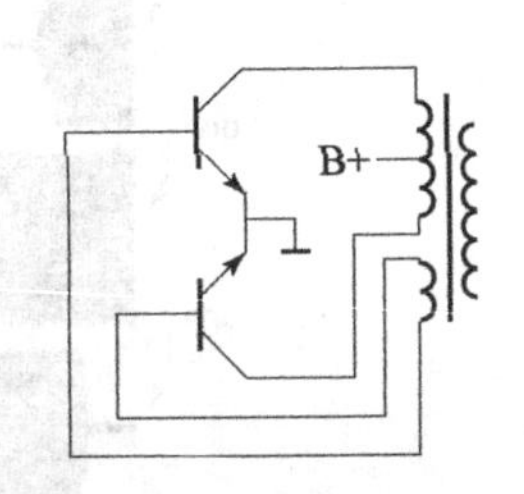

图 4－12　Royer 架构功率放大电路

无法对液晶显示屏进行亮度控制，一般应用在廉价的节能灯上，正因为此，Roye架构一般不被用于液晶显示屏上。它是本文所述四种架构中最简单、廉价的。

3. 输出电路及正弦波的形成

背光灯升压板驱动电路中前级（振荡器、调制器）和功率输出部分，基本上是工作在开关状态（开关状态工作效率高、输出功率大），输出基本也是开关信号。前面已经提到冷阴极荧光灯的最佳供电电压波形是正弦波，为了保证背光灯管工作在最佳状态（对于发光亮度及寿命是非常重要的），还必须把功率输出级输出的信号变换为正弦波。

1）正弦波的转换

我们可以把整个背光灯驱动电路看成是一个他激振荡器。作为一个振荡器输出什么波形，完全取决于振荡器的输出电路特性，输出电路是非谐振电路，输出是脉冲波（输出特性是纯容性则输出锯齿波，输出特性是纯阻性则输出方波，输出特性是纯感性则输出微分波）。输出电路如果是谐振电路必然输出正弦波。只要把背光灯高压驱动输出电路做成一个谐振电路就可以输出正弦波，如果谐振电路的谐振频率是振荡器的振荡频率，那么该背光灯驱动电路，就能做到最大限度地、高效地把能量传输给灯管。

2）输出电路的处理方式

在高压变压器的输出端（输入端也可以）和灯管连接处串联一只电容器 C，电容器 C 和输出高压变压器输出端 L 及负载 R（灯管）组成了一个低 Q 值的串联谐振电路，如图4－13所示。

等效电路如图4－14所示，在图中对于功率输出信号的频率作用于电感 L 和电容 C 来说，在此频率下，当电感 L 的感抗 X_L 等于电容 C 的容抗 X_C 时，电路产生谐振，由于组成的是串联谐振电路，所以谐振时电流达到最大值，此时最大电流即是流过冷阴极荧光灯管的电流。其谐振时达到的最大值，也意味着功率输出的能量，最大限度地输送给了灯管，由于灯管也是串联在电路中的一部分，形成了串联谐振电路的电阻分量，所以该谐振电路是低 Q 值电路，即使是振荡频率略有偏差，也能保证能量必需的传输。

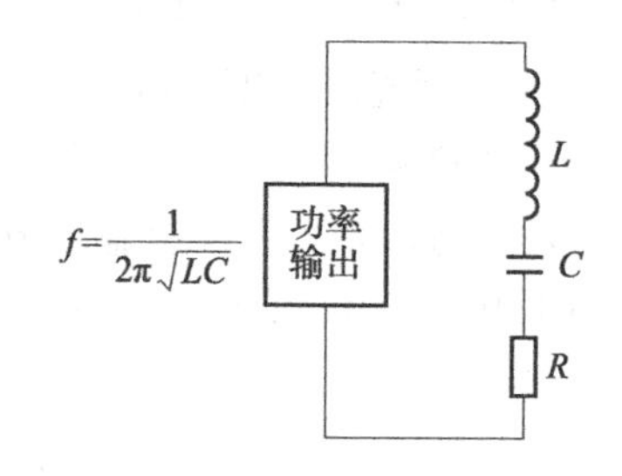

图4－13　串联谐振电路

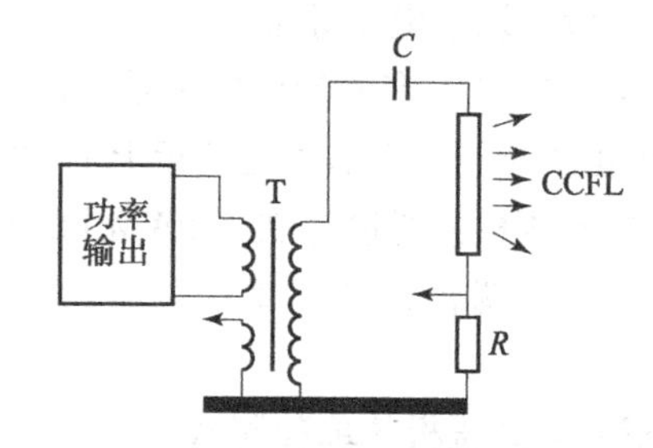

图4－14　背光灯电路的等效电路

前面介绍过，在灯管点亮后的负阻特性，必须有限流的作用，串联谐振电路中电容器 C 的容抗，正好起到限流的作用，此种方式限流能量损耗极小，此输出电路极为巧妙。

但为了保证电容 C 和电感 L 的谐振频率就是振荡器的振荡频率，又要使电容 C 的容抗 X_C 的大小基本正好是灯管的限流值，电路的精确设计是至关重要的。

在维修中，电容 C 是比较容易损坏的元件，如有损坏，一定要用和原来一样的电容代换，否则其性能会大幅下降，甚至不能使用。

以上主要介绍冷阴极荧光灯的构造、特性，工作时对驱动电路的要求，特别是具有亮度控制的冷阴极荧光灯及多灯管液晶显示屏系统灯管的驱动供电要求做了介绍。

4.3 逆变电路的工作条件与测试

1. 逆变电路（背光灯升压板）的工作条件

背光灯升压板在工作条件（包括模拟条件）正常时，就会启动工作，由灯管连接口输出相应值的高频高压脉冲，启动液晶显示屏组件内的灯管发光。

1）背光灯升压板的工作条件

背光灯升压板的工作条件，包括供电电源、背光灯开/关控制信号、带有负载（背光灯管）；有的还包括背光灯亮度控制信号，这仅对于用户菜单中有节能模式或光源调整项的机型。

（1）供电电源符号“VCC”，一般为 24 V，少数为 120 V，少数小屏幕为 12 V，一般来自电源板。

（2）背光开/关控制信号又称背光开/关控制电压，英文“Backlight ON/OFF ControlVoltage”，简写“BKLIGHT ON/OFF”或“ON/OFF”“BL－ON”。有的称为开机使能信号，用符号“BKLT－EN”或“ENA”“EN”表示，也有的用“ASK”表示。这个信号来自主信号处理板的 CPU，为高/低电平形式，一般高电平（+3 V 或 +5 V）为启动背光灯，低电平（0 V）为关闭背光灯。

（3）背光亮度控制信号用符号“BRI”，或“PWM（PWM Dimming Control Voltage）”“BKLT ADI”“DIM”表示，这个信号用于控制背光灯的亮暗程度。信号形式有两种：高/中/低电平式、PWM 脉宽调制式。

①高/中/低电平调光。这种形式的背光亮度控制信号所输入电平状态，对背光灯管亮度调整的方向，会因背光灯升压板的电路结构不同，有的为同向关系，例如海信 TLM3277 液晶电视机，背光调整电压标准为高电平（3 V）、节能 1 状态为中电平（2.4 V）、节能 2 状态为低电平（2 V）；有的为反向关系，即调光信号亮度高时，背光灯亮度下降。

②PWM 调光。由主信号处理板上的 CPU 直接产生一个 100～250 Hz 的 PWM 脉冲波形送到背光灯升压板，通过控制该 PWM 脉冲波形的占空比去控制背光灯升压板输出开关频率来调整电流，以调整背光灯管的亮度。这个电压值有如下几种：0～3 V、0～3.3 V、0～5 V。

2）背光灯升压板的单独测试

图 4－15 所示为背光灯升压板的单独测试，又称模拟测试，就是把背光灯升压板从整机拆下，人工模拟对背光升压板提供工作条件后，再对背光灯升压板进行测试。

（1）供电电源此值要等于标注值，即 +24 V（或 +12 V、+120 V）。

（2）背光开/关信号一般高电平（3.5 V）开启，低电平（0 V）关闭。所以，模拟背光开启方法，通常是在 +5 V 电源（借用电源板或主信号处理板的 +5 V）与背光灯升压板的背光开/关控制脚之间接入一只 100 Ω 电阻，以使背光开/关脚为高电平；模拟背光关闭方法则是把背光开/关脚与地之间短路。

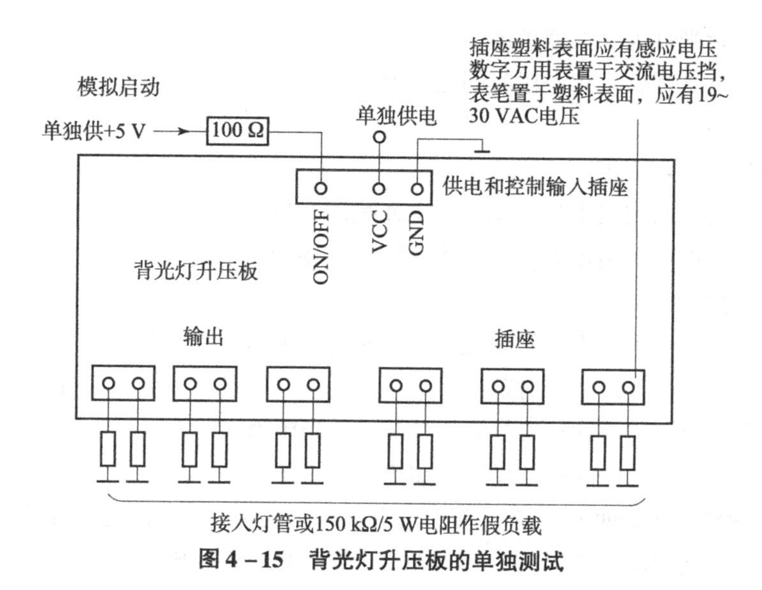

图4－15 背光灯升压板的单独测试

（3）接入负载在各输出口连接灯管，也可连接假负载，方法是所有灯管输出接口各接入一只150 kΩ/5 W水泥电阻作假负载。如不连接任意一个灯管检修均会导致保护电路启动而影响判断。

警示 高压正常时假负载发热量比较大，注意不要烫坏其他元器件，更不能手摸灯管及假负载。

2. 背光灯升压板的好坏检测及代换

经验 背光灯升压板正常工作的表现有五个：屏亮；黑屏但屏有漏光，从屏后部有些漏光的地方可看到；屏幕上能看到很暗的一点光；背光灯升压板的输出接口表面有19～30 VAC感应电压；高压棒接触背光灯升压板输出接口的引脚时有打火现象。

1）升压板损坏形式及引起的故障现象

背光灯升压板常见的损坏形式有两种：一是不工作，二是保护。两者引起的故障现象是有区别的，前者引起黑屏或暗屏，后者为开机屏亮一下后变为黑屏。

背光灯升压板不工作，就不能对液晶显示屏组件内的背光灯管供电，背光灯就不亮，液晶显示屏呈现黑屏或暗屏。暗屏是指斜视能够看到淡淡的图像，因为液晶显示屏组件不同，有些液晶显示屏会出现光折射现象。

背光灯升压板保护，背光灯升压板先正常启动工作，但因又执行了过压或过流保护而关闭，所以，这种故障会引起开机瞬间液晶显示屏亮一下就黑屏。此时，有的机型伴音、遥控、面板按键操作仍正常；有的机型电源指示灯颜色变换，如比较老的机型中电源指示灯由红色转变为绿色，新的机型中电源指示灯转换一下颜色后又回归为初始颜色；有的机型电源指示灯常亮。这些差别主要是保护电路的元件、保护取样点及电源指示灯的连接方式不同所致。

2）背光灯升压板不良引起的常见现象

（1）黑屏、背光灯不亮。如果把液晶屏组件置于日光灯管前，能看到基本正常的图像。

(2) 开机时背光灯闪一下就黑屏。

(3) 开机后有光栅，工作一段时间光栅消失。

(4) 亮度偏暗。

(5) 机内出现异常叫声。

(6) 干扰主要有水波纹干扰、画面抖动或跳动、星点闪烁。

(7) 不通电，即电源指示灯不亮、无光栅、无伴音。

3) 升压板的好坏判断

(1) 直观法。有下列任意一种情况，就可判定背光灯升压板损坏。

①图声及操作正常，只是机内有异常叫声，且叫声出自背光灯升压板上的高压变压器。

②背光灯升压板上的灯管接口打火，且开机后光栅消失。

③背光灯升压板上器件有外在损坏，如高压变压器烧焦。

(2) 测灯管输出口表面的感应电压。万用表置于交流电压挡，表笔接触到背光灯升压板的输出接口表面绝缘体，如有 19 ~ 30 VAC 感应电压，说明升压板正常工作；否则说明背光灯升压板没有正常工作，如果测升压板的供电电压为 +24 V 或 +12 V，背光灯开/关控制脚为 3.5 V 高电平开启值，就可判断背光升压板有问题。

经验 测背光灯开/关控制脚电压，应在背光灯升压板还没有保护前就开始测试，如果刚刚测试到正常电压时背光灯便熄灭，也属于正常，原因是背光灯或电路异常导致了保护。所以，建议在开机时测试。

(3) 高压棒触碰法。开机后，马上用高压测试棒（也可用万用表）接触高压输出插头引脚，看是否有微弱蓝色火花出现，如果有火花出现，说明背光灯升压有高压脉冲输出，可认为背光灯升压板基本正常（但不能排除电压、电流保护异常），反之相反。

经验 这里强调开机后马上进行测试，主要是为了避免保护电路启动后造成误判。根据实际经验，冷机时即使灯管损坏，保护电路启动也需要几秒的时间，而热机或者刚断开电源不久又重新通电，保护电路启动仅需 1 ~ 2 s，因此要掌握好检测时机。

4) 背光灯升压板的替换

由于液晶显示屏的尺寸及其内灯管的数量、点亮电压、启动特性不同，这就要求背光灯升压板输出的脉冲参数必须与所驱动的液晶显示屏组件相匹配。所以，目前液晶显示屏与背光灯升压板基本都是配套提供。同一尺寸的液晶显示屏型号不同，其背光灯升压板组件也不同，原则上不能相互替换。如果替换，要注意供电电压一致，接口大小、数量、引脚功能一致。

警告 用窄口高压板替换宽口高压板时，由于窄口高压板一组两只灯管回路不同（只有少部分），高压板是相同的，故不能简单地将两个低压接口并联，需要视液晶显示屏灯管接线情况，将低压线分开，然后对应连接好，否则可能会引发故障。

4.4　逆变电路的检修

1. 检修前的准备工作

在没有背光灯升压板原理图的情况下，检修前有必要做好以下几项准备。

（1）了解故障背光灯升压板的结构、接口电路：供电接口、接地接口、CPU 的 ON/OFF 控制接口、亮度控制 DIM 接口；确认主板及开关电源经过接口送来的控制信号（ON/OFF 及 DIM 亮度控制信号）及供电正常。有的背光灯升压板就提供一个电压，如 24 V，背光灯升压板上集成电路的 VCC 供电由 24 V 经过降压稳压后得到。部分背光灯升压板的功率放大供电及集成电路 VCC 供电，则分别由开关电源提供。

（2）了解故障背光灯升压板所用集成电路的功能、引脚定义、保护检测引脚的电压参数——过压（OVP）保护的阈值、背光灯管断路保护（OLP）阈值等。如果手头没有相应资料，可通过因特网搜索该集成电路的使用手册，特别是过压保护、灯管断路保护引脚的位置及阈值大小，一定要搞清楚（维修过程中要进行去保护功能的操作）。

（3）搞清楚功率放大电路的结构，如半桥架构还是全桥架构、一组桥式输出负担几只升压变压器的功率提供等。

（4）保护电路的取样形式，特别是灯管断路取样电路。取样电路的结构大都比较简单，可根据背光灯升压板实物简单画一画。

（5）如果有故障，背光灯升压板的电路原理图应根据已有知识进行初步分析。要养成分析电路的习惯，有过几次分析经历，就会信心倍增。

（6）检查一下背光灯升压板和主板的接口，看有没有接触不良，特别是供电脚是否有烧焦、过热迹象（背光灯升压板的供电电流很大，有的近 10 A，一些接插口的电流容量不足），查看背光灯升压板和背光灯管连接插口有没有放电、打火痕迹。如果存在上述不良现象，则应及时解决、排除。

（7）如果需要把背光灯升压板从液晶电视上取下来，对于多灯管、多升压变压器的背光灯升压板，一定要记下各个背光灯管所连接背光灯升压板上灯管插座的对应位置，以免插错后液晶显示屏出现低亮度、轻微差拍滚道干扰。

（8）最好准备一款示波器。在维修时，示波器往往能帮助准确找到故障点。

液晶显示屏的背光系统主要分为两部分，一个是背光灯管部分，一个是背光灯升压板部分。这两部分都会出现故障，而且出现的故障往往是有关联的。

根据屏幕的大小，不同尺寸液晶显示屏采用的背光灯管数量不同，并且背光灯管的长度随液晶显示屏尺寸相应增加。一般，20 英寸液晶显示屏采用 4 根背光灯管，32 英寸液晶显示屏采用 16 根背光灯管，46 英寸液晶显示屏采用 24 根背光灯管。现在的背光灯升压板系统性能优越、保护检测电路完善，不管是背光灯管还是背光灯升压板出现一点微小的故障，都会反映到背光灯升压板的输出上。

2. 背光灯管典型故障的检修

1）某一只背光灯管损坏或断裂

某一只背光灯管损坏或断裂的检修如表 4－1 所示。

表 4-1　某一只背光灯管损坏或断裂的检修

故障现象	开机瞬间可以看到屏幕有启动发光的动作，但随之又熄灭。熄灭后，液晶显示屏迎着光线可以看到图像，声音正常
故障分析	当某一只背光灯管断路时，其对应的灯管断路检测电路将取样信号送至振荡控制集成电路的背光灯管断路检测输入端，内部保护控制电路经保护延时后切断激励信号输出。这就是开机瞬间可以看到屏幕有启动发光的动作，但随之又熄灭的原因。启动发光是因为其他背光灯管正常启动、点亮；随之熄灭是受这只断路背光灯管的拖累，背光灯升压板被关闭输出造成的
处理方法	发现这种开机闪亮一次又熄灭的现象时，要最终确认故障，可将振荡控制集成电路的背光灯管断路检测输入端（一般是 OLP）的电位提升至 2 V 以上（解除背光灯管断路保护控制，也有集成电路是把电位降低），其他灯管应全部点亮，而这只损坏背光灯管的区域是略暗

事实上，目前一般的维修部门还不具备更换背光灯管的条件，因此建议把整个液晶显示屏的亮度调整得大一些（一般在总线内设置）。由于液晶显示屏内设有导光板，损坏一只灯管对使用效果的影响并不大。这样，该背光灯升压板就不再具有背光灯管断路保护了。不过，这没有关系，也不会威胁安全，可以放心使用。

【注意】当有一只灯管损坏时，该灯管不导通，其两端没有电压降，对应高压输出的过压保护电路会动作。这时，应将对应升压变压器的输入电路断开，以防止过压保护误动作。

2）某一只背光灯启动较慢

某一只背光灯启动较慢的检修如表 4-2 所示。

表 4-2　某一只背光灯启动较慢的检修

故障现象	在冬季或者气温较低时，长时间关机后的第一次开机，在开机瞬间可以看到屏幕有启动发光的动作，但随之又熄灭。熄灭后，液晶显示屏迎着光线可以看到图像，声音正常［现象和故障 1）相同］。经过反复多次开机可以达到正常观看
故障分析	由于某一只背光灯管的启动性能不好（启动慢、启动时间大于 2 s，甚至更长时间），超过保护延迟时间 0.5 ~ 1 s 仍不能常启动时，保护控制电路将判定背光灯管断路故障，关闭激励信号输出
处理方法	采用故障 1）的方法，解除振荡控制集成电路的背光灯管断路保护控制。此时，其他灯管应全部点亮，这只启动慢的灯管也会经过多次启动后正常点亮。此方法会被国内甚至进口品牌的液晶电视机生产厂家作为技改方案下发，因为性能不好、启动慢的背光灯管实在是太多了。 同样，该背光灯升压板也不再具有背光灯管断路保护了，但也不会影响使用

3. 背光灯升压板典型故障

（1）背光灯不亮，背光灯升压板上面的熔断丝熔断。

故障分析：熔断丝熔断意味着背光灯升压板有过严重过流、短路（轻度过流一般不会熔断熔断丝）。已经有元件短路损坏，此时，千万不要贸然换一只熔断丝后通电开机，否则故障会进一步扩大，甚至影响整机其他电路的安全。

功率放大电路的放大元件（MOS管或互补MOS模块）出现击穿、短路，是造成本故障的最主要原因。因为背光灯升压板功率放大电路的放大元件一般都工作在极限状态（电压、电流），如果遇到环境温度的变化、背光灯管变化或升压变压器局部短路，极易造成功率放大元件击穿、短路。检修此类故障时，应该先仔细观察电路板，特别是MOS管互补模块上有没有烧焦痕、颜色变黄，一般背光灯升压板都有几块相同的模块同时工作，相互对比外观即可发现问题。这种情况，选一块相同的模块换上即可；如果没有相同型号的功率模块，可以选择功率、耐压、电流基本相同，特别是导通电阻（mΩ）相近的替换（全桥功率电路要求导通电阻相近，以保持桥臂平衡）。

也有背光灯升压板熔断丝熔断，功率模块击穿短路，但是功率模块的外表无异样的情况。这时，选用合适的万用表欧姆挡，在背光灯升压板不通电情况下分别测量几块功率模块各引脚的对地直流电阻，通过逐一对比各对应引脚的对地阻值（相同型号的功率模块，其对应引脚的直流阻值是相同的），即可找出故障功率模块，如图4－16所示。测量时，万用表红表笔（＋）接地，黑表笔（－）接被测部位，假设某功率模块的7脚对地电阻为6 000 Ω，那么其他功率模块的7脚对地电阻也都应该是6 000 Ω；如果某只功率模块的7脚的对地电阻偏大、偏小或为0，则这只模块已损坏。有一种情况需要注意，各功率模块的电源脚和接地脚是直接连在一起的，仅对比这两只引脚的对地电阻是不准确的，应逐一对比每个引脚。因为只要功率模块损坏，其他引脚的对地电阻也必定有变化。

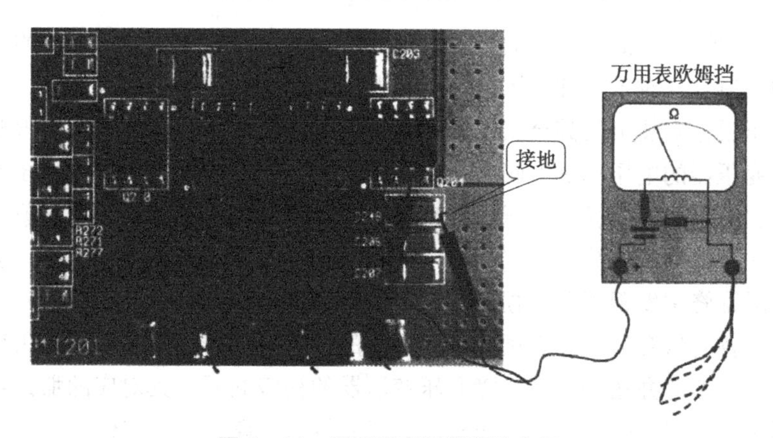

图4－16　用万用表测量直流电阻

其他元件损坏，一般不会引起熔断丝熔断。

处理方法：对于不亮、熔断丝熔断的背光灯升压板，检查到功率模块损坏并更换后，可以通电观察液晶显示屏的亮度，并注意背光灯升压板是否有过热、冒烟的现象；否则，还应检查升压变压器本身是否短路。因为升压变压器短路或局部短路最终也会造成功率模块击穿、短路。

升压变压器损坏的对策：

背光灯升压板有两种：一种是采用1个升压变压器的背光灯升压板，如图4－17所示，采用EEFL灯管或者采用平衡电感装置，保证CCFL灯管并联启动。这种升压变压器由于体积大，制作工艺、绝缘性能都可以得到保证，一般不易损坏（经验中还没有发现损坏的）。

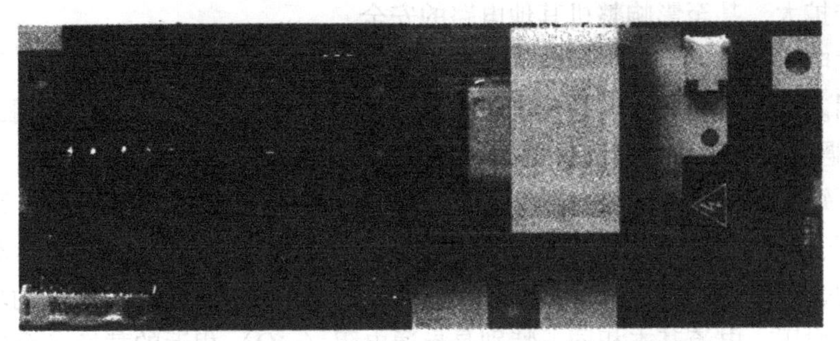

图 4－17　采用 1 个升压变压器的背光灯升压板

另一种是采用多个升压变压器支持多只 CCFL 背光灯管的背光灯升压板，1 个升压变压器负担 1 只 CCFL 灯管，16 只灯管就需要 16 个升压变压器，如图 4－18 所示。

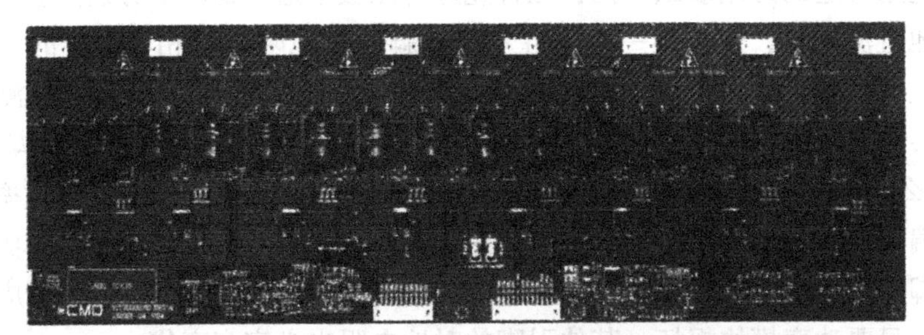

图 4－18　采用多个升压变压器支持多只 CCFL 背光灯管的背光灯升压板

升压变压器的结构类似于普通的开关变压器，一般普通电视机开关电源的开关变压器几乎没有损坏的。但是，对于 CCFL 背光灯升压板的多背光灯管的开关变压器，因为数量多，一块背光灯升压板上安装十几甚至二十几个升压变压器，变压器的体积制作得非常小，并且背光灯升压板变压器的电压达到 1 400 V 以上，比一般 CRT 电视机中开关变压器的电压高很多，线圈匝间、绕组间的绝缘、耐压就很难保证，故容易出现击穿、短路现象。特别是匝间短路比较多，这和其绕制方法有关（等效于谐振电感，对分布电容有要求）。这种小型的单个变压器，实际维修中发现了不少损坏案例。

要修复这种背光灯升压板，必须购买同型号的升压变压器更换，不能采用替代品，也没有替代品。应急的处理办法是，把故障升压变压器的初级断开，其对应的那只背光灯管也就不工作了；同时，还要解除背光灯升压板上的背光灯管断路保护，以保证其他灯管的工作不受影响。

因为有一只灯管不工作，屏幕上会出现一块相应的轻微暗区（高亮度时图像表现不明显，但低亮度时会有影响），这时，可以把液晶显示屏的亮度提高，尽量不影响使用。

【注意】这只是应急方法，过后还是要积极设法更换同型号的升压变压器，以保证液晶电视的图像质量。

（2）背光灯不亮，熔断丝完好。

故障分析：这类故障涉及的范围比较大，应首先检查背光灯升压板的供电、控制接口端的直流供电、CPU 的开机启动信号及亮度控制电平是否正常。确认这些没有问题了，才考虑对背光灯升压板进行检修。正规工厂生产的背光灯升压板，其还将供电、控制接口等插座上都明确标注了各引脚的作用（图 4－19），逐脚检测即可。

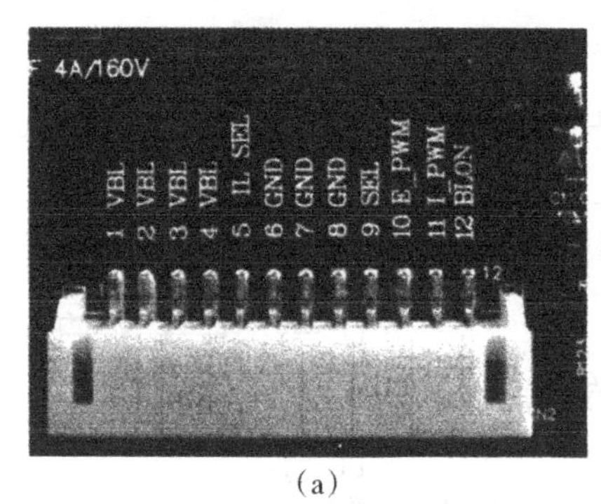

(a)

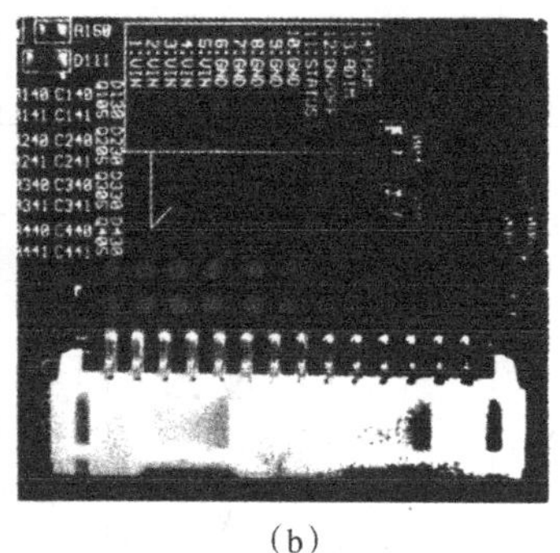
(b)

图4-19 各引脚的作用

其次，要确认振荡控制集成电路的VCC供电及使能端（ENA）启动电压、功率放大电路的供电（24 V）是否正常；如果正常，就要考虑目前是否处于保护状态。有些维修师傅比较喜欢更换集成电路试试，一般不建议这样做：到目前的经历中，还没有发现一例集成电路损坏的案例。

处理方法：在修理不亮、熔断丝完好的故障背光灯升压板时，最有效的判断方法是解除集成电路的保护控制功能。这是因为此类故障一般是背光灯升压板的某部分有故障，从而启动了保护控制电路，进而切断激励信号的输出，造成无光现象。

不同型号的振荡控制集成电路，其过压保护（OVP、CLAMP）的门槛（阈值）电压（2~3 V）也略有不同。一般情况下，过压保护端口为低电平时正常工作；高电平时保护，超过阈值电压即进入过压保护状态。如果要解除过压保护控制，直接把振荡控制集成电路的过压保护端口接地就可以了。

背光灯管断路保护端口（OLP）一般是低电平时保护，高电平（超过1.5 V）时正常工作。如果要解除背光灯管断路保护，只要把这个引脚的电压提升上来就行了。直接在OLP引脚上提升电压有点不方便，可以在取样电路操作。以海信2071液晶电视机A通道为例，把取样电路中Q6A的栅极和源极短路（图4-20），就能保证OLPA引脚始终为高电平，即解除了A通道的背光灯管断路保护；同样，如图4-21所示，把Q6B的栅极和源极短路，也可以把B通道的背光灯管断路保护解除了。

在解除背光灯管断路保护的同时，也必须把高压过压保护电路、输出电流检测反馈电路同时解除，以暴露真正的故障原因。通电时，应细心观察有没有冒烟、打火现象，并做好随时关闭电源的准备。故障修复后，过压保护及电流检测反馈电路应该恢复原来的状态；灯管断路保护则不必恢复了，因为它确实给我们带来不少麻烦，意义不大。目前，很多生产厂家已经去掉液晶电视机的灯管断路保护功能，故障率确实降低不少。

（3）开机后屏幕又熄灭。

开机瞬间可以看到屏幕有启动发光的动作，但随之又熄灭；熄灭后，液晶显示屏迎着光线可以看到图像，声音正常。

处理方法：此故障现象及处理方法和“某一只背光灯管损坏”相同，不过这是背光灯升压板本身出现过压、过流现象引起的保护。解除保护控制后通电检测时，应密切关注背光灯升压板上有无过热、冒烟及某一只背光灯管的输出异常。用万用表电压挡逐个测各电压、电流取样点，并比较几个取样点的差异，就可以迅速找到故障点。

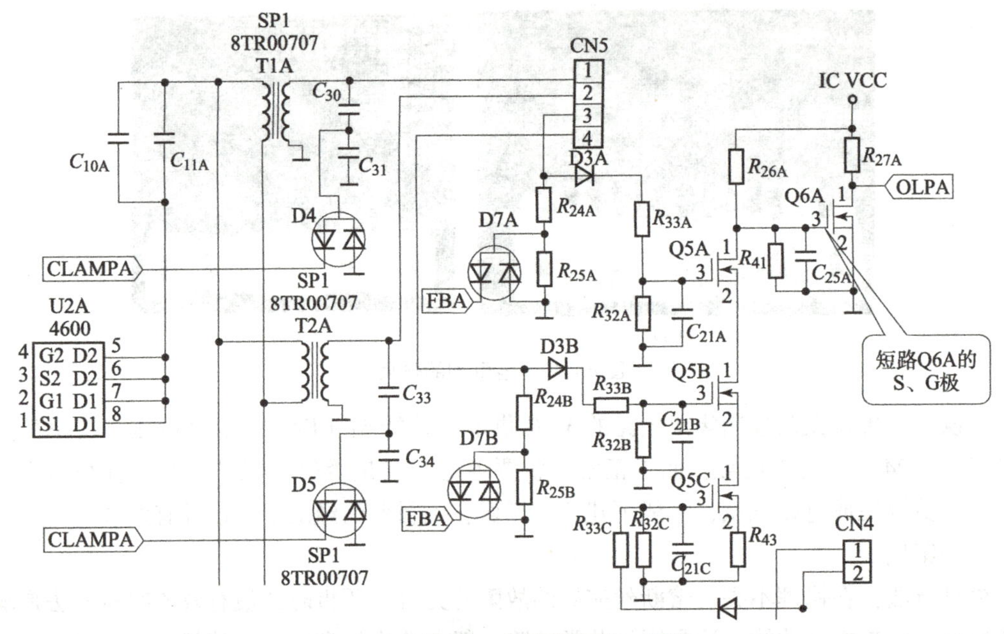

图 4-20　海信 2071 液晶电视 A 通道

图 4-21　把 Q6B 的栅极和源极短路

在背光灯升压板中，故障较多的部位是功率放大模块（或者 MOS 管）、高压升压变压器，这两部分也是背光灯升压板上重复电路最多的部位。

一般背光灯升压板都有两组以上的全桥功率放大电路，即最少有 4 块以上相同的互补功率模块（或者 8 只 MOS 管）。利用电阻比较的方法可以很快地判定故障的部位（前面已经叙述）。

高压升压变压器也是比较容易损坏的部件，一般表现为变压器次级升压线圈局部短路（初级低压绕组不会坏的），如果用万用表欧姆挡测量，则明显比正常阻值小许多。由于一块背光灯升压板上面最少有 6 ~ 24 只完全相同的升压变压器，而这些升压变压器的各个对应绕组的直流电阻均相同，这就给我们检测升压变压器故障带来极大的方便。相互对照测量绕组的电阻值，阻值偏差较大的那一只就是故障升压变压器，非常方便。

例如，三星 32 英寸液晶显示屏的背光灯升压板（KLS - 320VE - J）的升压变压器次级绕组的直流电阻是 13 000 Ω（用 47 型万用表测得），那么这 16 只升压变压器的这个次级绕组的阻值都应是13 000 Ω，阻值都一样，没有什么偏差，如图4－22所示。如果测得某一只变压器升压绕组的阻值（在路测量，不必把变压器拿下来）是1 000 Ω，那么这只升压变压器肯定损坏了。

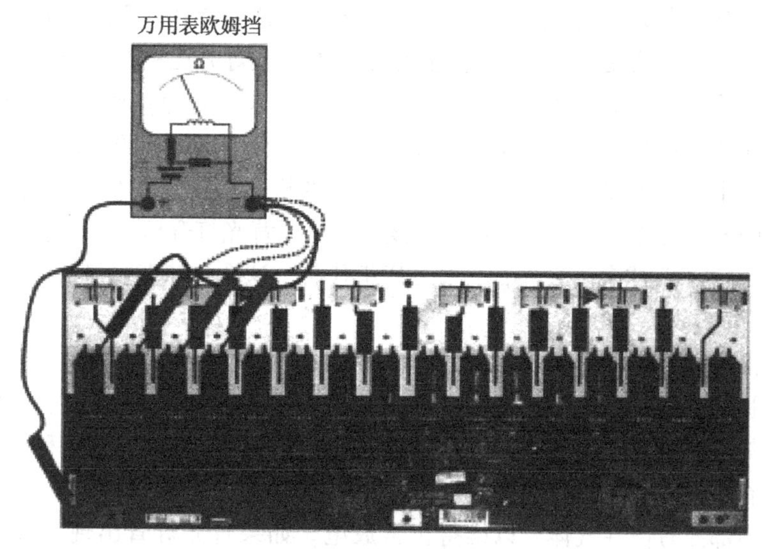

图4－22 用万用表测量对地电阻

对于熔断丝熔断的故障，可以先用万用表欧姆挡测量熔断丝后面的对地电阻：红表笔接地，黑表笔接熔断丝后面一端，这时阻值一般大于4 000 Ω（$R\times100$ 挡）；如果阻值过小（小于1 000 Ω），则肯定有短路的地方，绝不能轻易通电。

4. 检修注意事项

1）检修背光灯升压板的注意事项

（1）在背光灯升压板已经通电工作后，不要用万用表或示波器测量其高压输出端，这样会造成“拉弧”。

（2）如果确实需要测量高压输出，可以采用10∶1或100∶1的衰减器，先连接好输出端和万用表或示波器，再接通背光灯升压板电源。背光灯升压板的振荡频率都在60 kHz以上，一般万用表的频率响应达不到这个数值，测量误差会很大。

（3）用示波器测量时，在高压输出未接背光灯管的情况下，串联谐振输出电路处于开路状态，测得的波形必定不是正弦波。

（4）修理场所的220 V市电供电必须加装1∶1的隔离变压器，特别是修理IP整合开关电源板时。人身安全是第一位的，如果操纵失误，轻者损坏被修理的背光灯升压板，重则伤及人身安全，应该引起重视。

2）如何积累经验

（1）尽量多收集各种背光灯升压板的一手资料。

（2）修理好的背光灯升压板，应用精度较高的万用表、示波器把其正常工作时的各种数据、波形记录下来，特别是集成电路各个引脚的正常工作电压（能用示波器记录波形更好），这会给以后的修理提供最有效的依据。

3）关于背光灯管的匹配问题

背光灯管的使用寿命很长，在正常供电状态（电压、电流、工作频率、亮度控制脉冲波形、正弦波的波形、环境温度等）下几乎可以达到和显像管一样的寿命；但是，在应用不当的情况下，其寿命会大大缩短，提前衰老、损坏，这和背光灯升压板的品质及所用灯管的配合极有关系。一般液晶显示屏出厂前直接配套的背光灯升压板都是经过精心设计的，和液晶显示屏内的背光灯管都能做到良好的配合，具有较长的寿命。而目前的 IP 整合开关电源就不一定能保证和背光灯管良好配合，对灯管寿命是有一定影响的。目前，大部分生产厂都是外购液晶显示屏来组装电视，IP 整合开关电源的机芯不一定什么屏都配合良好。另外，如果修理过程中发现背光灯升压板损坏，应该尽量把原背光灯升压板修理好，尽量不要购买“万能背光灯升压板”，或者用其他背光灯升压板代替，这会加速背光灯管的衰老、损坏。

4）背光灯管的故障判断

用眼睛直接观察背光灯管，正常背光灯管的亮度、颜色和我们常见的新日光灯管接近且刺眼。老化灯管的亮度不刺眼、灰暗、发黄，一般会引起屏幕发暗、发黄，关机时屏幕会有阴影出现，这都是背光灯管放电性能下降、荧光粉衰老所致。提前出现这种情况和背光灯升压板的品质是有关系的。当然，和背光灯管本身的品质也有关系。

背光灯管内部充有惰性气体，以维持正常放电。如果背光灯管出现漏气（部分氧气进入），放电极将为异常，灯管发红。这种放电还会引起玻璃体漏电，从而引起背光灯升压板电路保护，甚至损坏高压升压变压器及功率放大器件。如果屡屡出现损坏高压部件甚至功率放大元件的情况，则应该考虑背光灯管的漏气问题。

项目5　液晶电视机信号处理与控制电路

本项目主要介绍液晶电视机信号处理与控制电路知识，主要包括输入接口电路、公共通道电路、视频解码电路、A/D 转换电路、去隔行处理电路、SCALER 电路、微控制器电路和伴音电路等，这些电路一般安装在一块电路板上，此电路板称为主板。主板电路是液晶电视机最关键、最复杂的电路部分，作为维修人员必须掌握其基本工作原理与信号流程。

学习目标

1. 了解液晶电视机信号处理及控制电路相关知识。
2. 掌握主板电路的基本工作原理和信号流程。
3. 学会液晶电视机程序软件的烧录。

5.1　液晶电视机输入接口电路和公共通道电路

1. 液晶电视机输入接口电路介绍

液晶电视机与其他设备之间连接使用，接收视频和音频信号需要通过特定标准的连接方式来实现，这些输入方式就是输入接口。液晶电视机的输入接口负责接收外来视频和音频信号，常见的输入接口有 HDMI 接口、DVI 接口、VGA 接口、YPbPr 色差分量输入接口、S 端子接口、AV 音频/视频输入接口、ANT 天线输入接口、RS－232C 接口等，此外，一些多媒体娱乐功能丰富的液晶电视机产品还配有 USB 接口、IEEE 1394 接口和读卡器插槽等。

1）ANT 天线输入接口

ANT 天线输入接口也称 RF 射频接口，是家庭有线电视机采用的接口模式。RF 的成像原理是将视频信号（CVBS）和音频信号相混合编码后输出，然后在显示设备内部进行一系列分离/解码的过程输出成像。由于步骤烦琐且音频/视频混合编码会互相干扰，所以它的输出质量是最差的。目前生产的液晶电视机都具有此接口，只需把有线电视机信号线连接上，就能直接收看有线电视。ANT 天线输入接口如图 5－1 所示。

2）AV 接口

AV 接口是液晶电视机上最常见的端口之一，也称标准视频接口（RCA），如图 5－2 所示。通常都是成对的白色的音频接口和黄色的视频接口，它通常采用 RCA（俗称莲花头）进行连接，使用时只需要将带莲花头的标准 AV 线缆与相应接口连接起来即可。

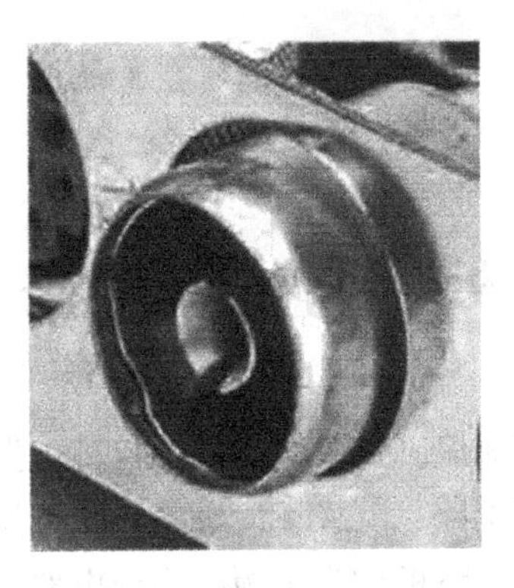

图5－1　ANT天线输入接口

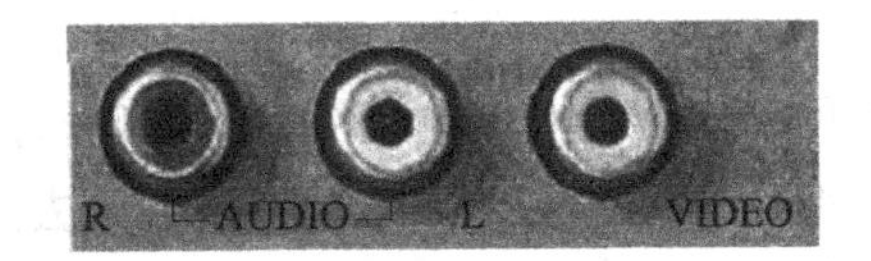

图5－2　AV接口的外形图

AV接口实现了音频和视频的分离传输，这就避免了因为音频/视频混合干扰而导致的图像质量下降，但由于AV接口传输的是一种亮度/色度（Y/C）混合的视频信号，仍然需要显示设备对其进行亮/色分离和色度解码才能成像，这种先混合再分离的过程必然会造成色彩信号的损失，色度信号和亮度信号也会有相互干扰，从而影响最终输出的图像质量。

3）S端子接口

S端子接口也称二分量视频接口，具体英文全称叫Separate Video，简称为S－Video。S－Video的意义就是将Video信号分开传送，也就是在AV接口的基础上将色度信号C和亮度信号Y进行分离，再分别以不同的通道进行传输。S－Video端口有4针（不带音频）和7针（带音频）两种类型，4针为基本型，7针为扩展型，图5－3所示为基本型S－Video端口的外形图，它由两路视频亮度信号、两路视频色度信号和一路公共屏蔽地线组成。

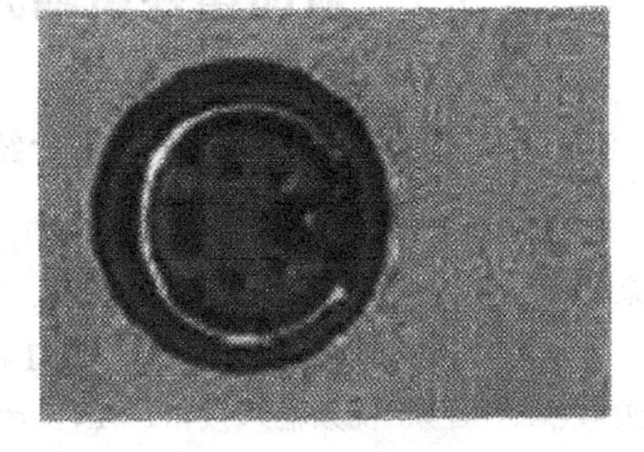

图5－3　基本型S－Video端口的外形图

同AV接口相比，由于它不再进行Y/C混合传输，因此也就无须再进行亮色分离和解码工作，而且由于使用各自独立的传输通道，在很大程度上避免了视频设备内信号串扰而产生的图像失真，极大地提高了图像的清晰度，但S－Video仍要将两路色差信号（Cr、Cb）混合为一路色度信号C进行传输，然后再在显示设备内解码为Cb和Cr进行处理，这样多少会带来一定信号损失而产生失真，由于Cr、Cb的混合导致色度信号的带宽也有一定的限制，所以S－Video虽然已经比较先进，但离完美还相差甚远。S－Video虽不是最好的，但考虑到目前的市场状况和综合成本等其他因素，它在电视机上应用比较普遍，目前，市场上已经有了集成S－Video端口的液晶电视机。

4）色差分量接口

色差分量（Component）接口采用YPbPr和YCbCr两种标识，前者表示逐行扫描色差输出，后者表示隔行扫描色差输出。色差分量接口一般利用3根信号线分别传送亮度和2路色差信号。这3组信号分别是：亮度以Y标注，三原色信号中的蓝色和红色两种信号（去掉亮度信号后的色彩差异信号）分别标注为Pb和Pr（或者Cb和Cr），在3条线的接头处分别用绿、蓝、红色进行区别。这3条线如果相互之间插错了，可能会显示不出画面，或者显示出奇怪的色彩来。色差分量接口是模拟接口，支持传送480i/480p/576p/720p/1 080i/1 080p等格式的视频信号，本身不传输音频信号。图5－4所示为色差分量接口。

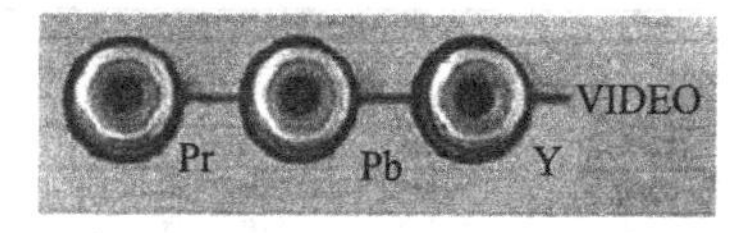

图5－4　色差分量接口

5）VGA接口

VGA接口就是计算机显卡上输出模拟信号的接口，也叫D－Sub接口。VGA接口是一种D型接口，上面共有15针脚，分成3排，每排5个，用以传输模拟信号。通过VGA接口，可以将计算机输出的模拟信号加到液晶电视机中。在计算机内部是数字方式的图像信息，需要在显卡中的D/A（数字/模拟）转换器内转变为模拟R、G、B三原色信号和行场同步信号，然后，通过VGA接口传输到显示设备中。对于模拟显示设备，如模拟CRT显示器，信号被直接送到相应的处理电路，然后驱动控制显像管生成图像。而对于液晶电视机、液晶显示器等数字显示设备，需配置相应的A/D（模拟/数字）转换器，将模拟信号转变为数字信号。在经过D/A和A/D两次转换后，不可避免地造成了一些图像细节的损失。VGA接口应用于CRT显示器理所当然，但用于液晶电视机、液晶显示器之类的数字显示设备，其转换过程中的图像损失会使显示效果略微下降。

VGA接口中的15针中，有5针是用来传送红（R）、绿（G）、蓝（B）、行（H）、场（V）这5种分量信号的。1996年起，为在Windows环境下更好地实现即插即用（PNP）技术，在该接口中加入了DDC数据分量。该功能用于读取液晶电视机EPROM存储器中记载的液晶电视机品牌、型号、生产日期、序列号、指标参数等信息内容。该接口有成熟的制造工艺，广泛的使用范围，是模拟信号传输中最常见的一种端口。但不论多么成熟，它毕竟是传送模拟信号的接口。15针VGA接口中，显示卡端的接口为15针插座，液晶电视机连接线端为15针插头。

如图5－5所示，对于显示卡端的插座，右上脚为第1脚，左下脚为第15脚，各脚功能如表5－1所示。

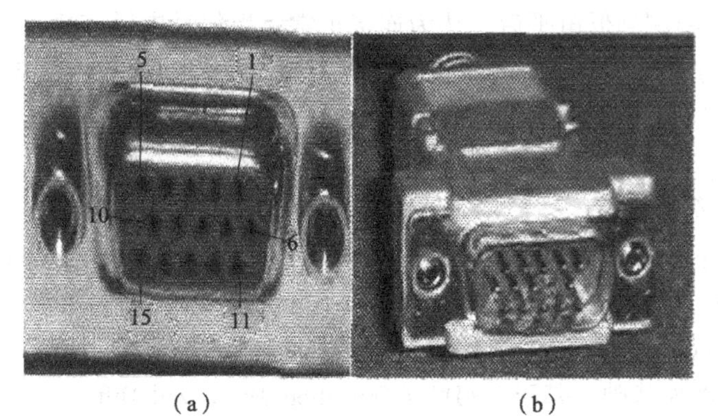

（a）　　（b）

图5－5　VGA接口

（a）VGA插座；（b）VGA插头

表 5-1　15 针 VGA 接口显示卡端的插座各脚定义

脚位	引脚名	定　义
1	RED	红信号（75 Ω，0.7 V 峰峰值）
2	GREEN	绿信号（75 Ω，0.7 V 峰峰值）/单色灰度信号（单显）
3	BLUE	蓝信号（75 Ω，0.7 V 峰峰值）
4	RES	保留
5	GND	自检端，接 PC 地
6	RGND	红接地
7	GGND	绿接地/单色灰度信号接地（单显）
8	BGND	蓝接地
9	NC/DDC5V	未用/DDC5V
10	SGND	同步接地
11	1D	彩色液晶显示屏检测使用
12	ID/SDA	单色液晶显示屏检测/串行数据 SDA
13	HSYNC/CSYNC	行同步信号/复合同步信号
14	VSYNC	场同步信号
15	ID/SCL	液晶彩色电视机检测/串行时钟

其中 1、2、3 脚输出模拟信号，峰峰值为 0.7 V。接口的 13 脚为行同步信号/复合同步信号输入端，极性随显示模式的不同有所不同，TTL 电平。接口的 14 脚为场同步信号输入端，极性随显示模式的不同有所不同，TTL 电平。液晶电视机同步信号极性的设定是为了使液晶电视机能够识别出输入信号的不同模式。

接口的 9 脚接 PC 的 5 V 电源，使液晶电视机在联机未开机的状态下，通过 9 脚，将 PC 的 5 V 电源加到液晶电视机的 CPU 和存储器，能够读取液晶电视机存储器的数据。

5 脚为自检端，接 PC 地，用来检测信号电缆连接是否正常。一般来说，当信号电缆连接正常时，液晶电视机通过此端接 PC 地。由于 5 脚与液晶电视机的 CPU 的某一引脚相连，经液晶电视机 CPU 检测到低电平后，认为连接正常；当信号电缆连接不正常时（即液晶电视机处于脱机状态），液晶电视机的脱机检测脚为高电平（由上拉电源拉高），经液晶电视机 CPU 检测后，将显示脱机提示信息。

6）DVI 接口

（1）DVI 接口简介。

DVI 全称为 Digital Visual Interface，它是 1999 年由 Silicon Image、Intel（英特尔）、Compaq（康柏）、IBM、HP（惠普）、NEC、Fujitsu（富士通）等公司共同组成 DDWG（Digital Display Working Group，数字显示工作组）推出的接口标准。它是以 Silicon Image 公司的 Panal Link 接口技术为基础，基于 TMDS（Transition Minimized Differential Signaling，最小化传输差分信号）电子协议作为基本电气连接。

TMDS 是一种微分信号机制，它运用先进的编码算法，把 8 bit 数据（R、G、B 中的每路基色信号）通过最小转换编码为 10 bit 数据（包含行场同步信息、时钟信息、数据 DE、纠错等），经过 DC 平衡后，采用差分信号传输数据，它和 LVDS、TTL 相比有较好的电磁兼容性能，可以用低成本的专用电缆实现长距离、高质量的数字信号传输。TMDS的链路结构如图5－6所示。

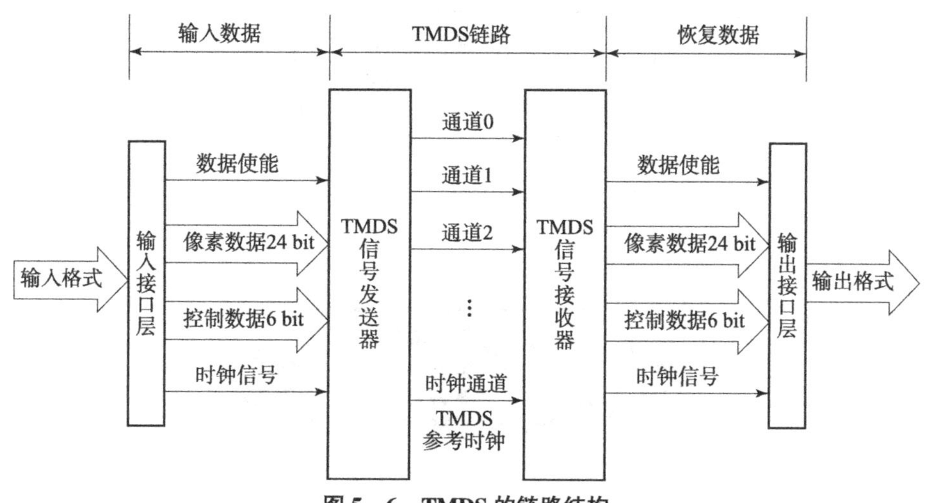

图5－6 TMDS的链路结构

在实际电路中，TMDS器件分为TDMS发送器和TMDS接收器。其中，TMDS发送器可以内建在计算机显卡芯片中，也可以以附加芯片的形式出现在显卡PCB上；TMDS接收器则安装或集成在液晶电视机主板电路中。工作时，显卡产生的数字信号由TMDS发送器按照TMDS协议编码，通过DVI接收的TMDS通道发送给液晶电视机内的TMDS接收器，经过TMDS接收器解码，送给液晶电视机的SCALER电路进行处理。DVI显示系统的结构如图5－7所示。

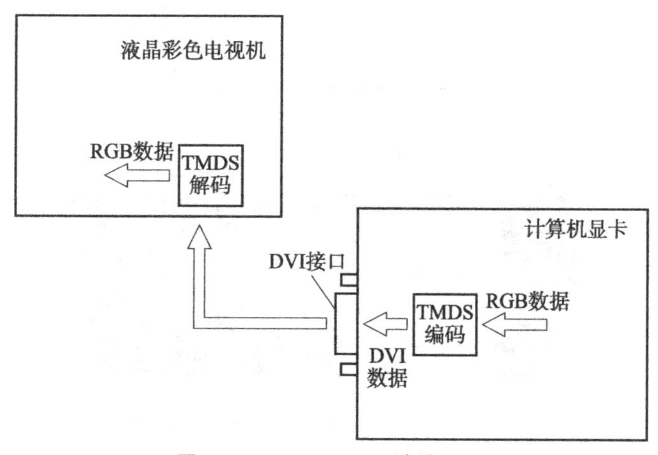

图5－7 DVI显示系统的结构

（2）DVI接口及其引脚定义。

DVI又分为DVI－A、DVI－D和DVI－I等几种。DVI－A接口用于传输模拟信号，其功能和D－SUB完全一样；DVI－D接口用于传送数字信号，是真正意义上的数字信号输入接口，DVI－D接口的引脚定义和外形如图5－8所示。而DVI－I兼具有上述两个接口的作用，当DVI－I接VGA设备时，就起到了DVI－A的作用；当DVI－I接DVI－D设备时，便起到了DVI－D的作用。DVI－I接口的引脚定义和外形如图5－9所示。

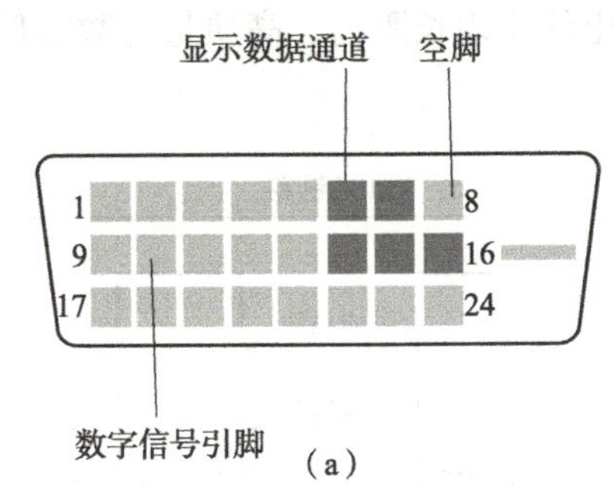

(a)

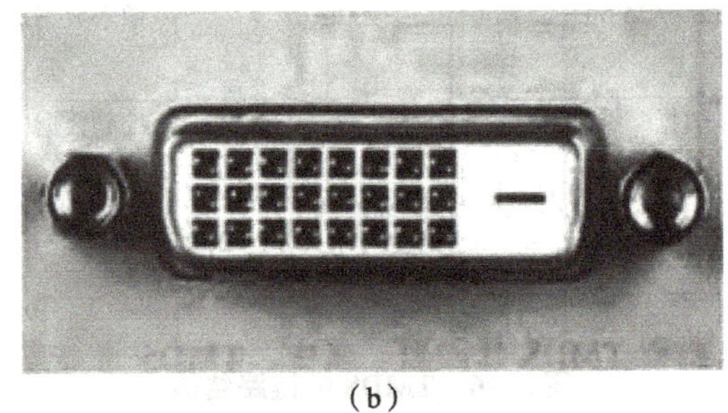

(b)

图 5-8　DVI-D 接口的引脚定义和外形

(a) 引脚定义；(b) 外形

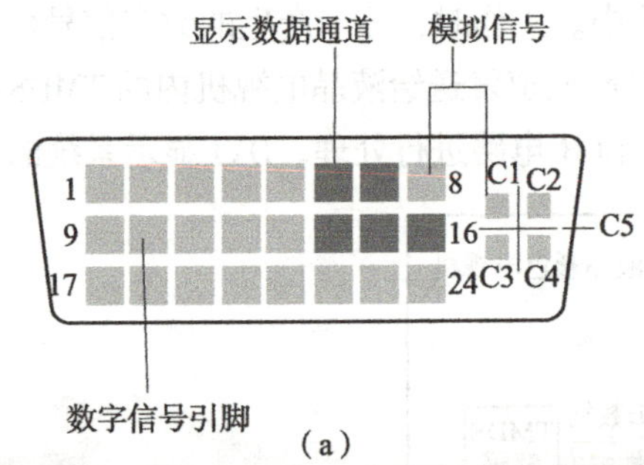

(a)

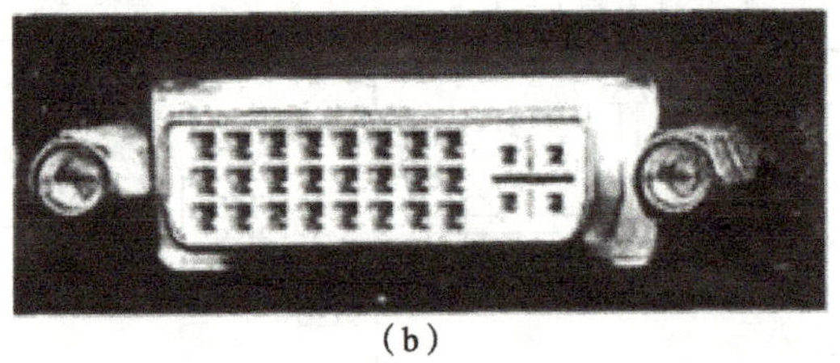

(b)

图 5-9　DVI-I 接口的引脚定义和外形

(a) 引脚定义；(b) 外形

DVI-I 可以兼容 DVI-D 装置（包括连接线），但是 DVI-D 接口却不能够使用 DVI-I 连接线。大部分显卡是 DVI-I 接口，DVI-D 的线缆也可以使用；大部分的液晶电视是 DVI-D 接口，没有 C1~C4 插孔，DVI-I 的线缆不能使用。

(3) 单通道和双通道 DVI 接口。

液晶电视机的 DVI 接口还可分为单链路（单通道）DVI 输入和双链路（双通道）DVI 输入。

图 5-10 所示为单链路 DVI 数字信号输入方式，液晶电视机通过 DVI 接口输入一组数字视频信号，在现在的液晶电视机中使用较多。

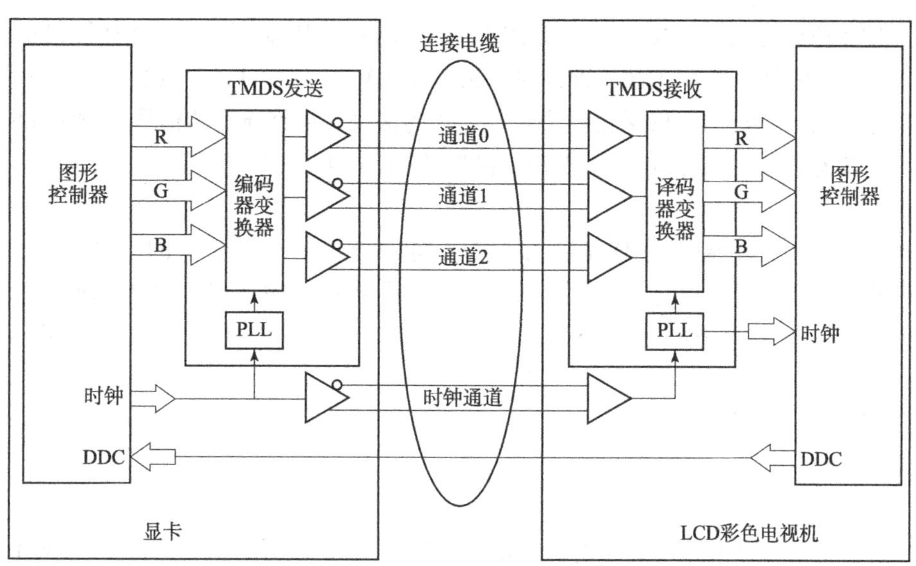

图 5 - 10　单链路 DVI 数字信号输入方式

图 5 - 11 所示为双链路 DVI 数字信号输入方式，液晶电视机可以通过 DVI 接口输入 2 组数字视频信号。

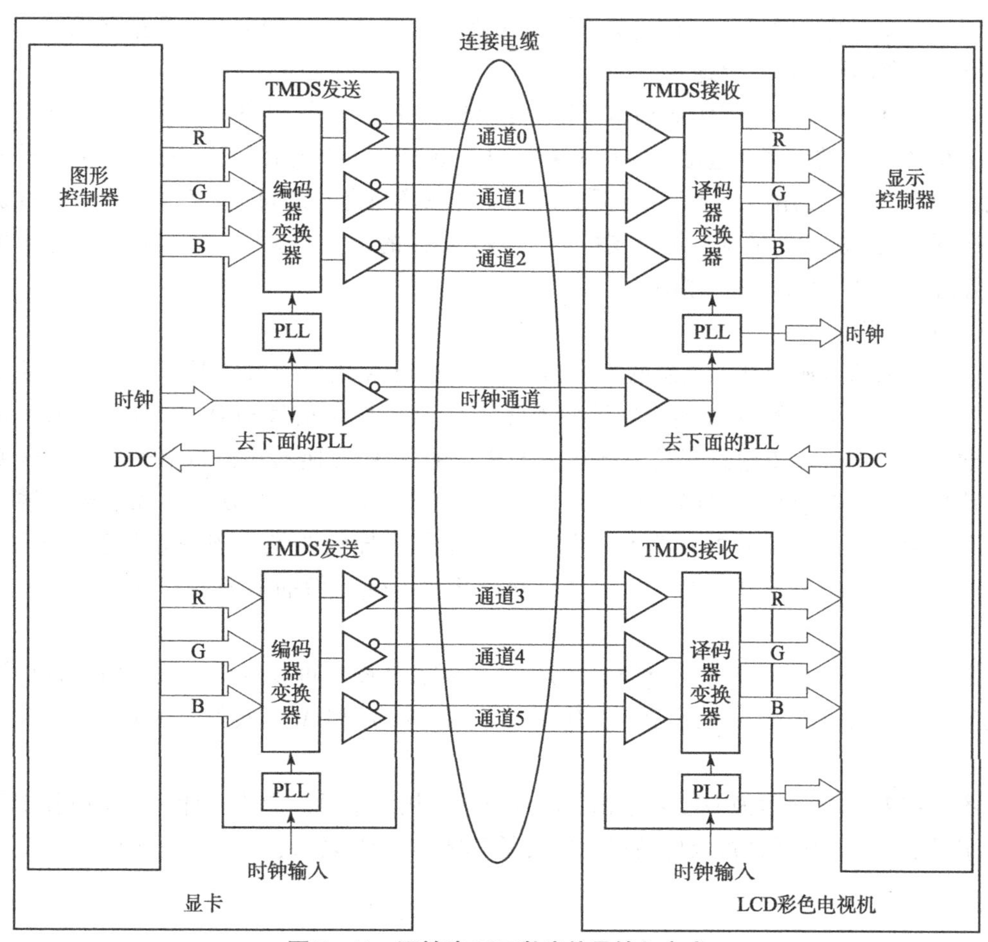

图 5 - 11　双链路 DVI 数字信号输入方式

对于 DVI 单通道输入方式，只需要 DVI 接口的 18 个引脚，因此，这种接口也称 18 针 DVI 接口。当采用单通道 DVI 输入方式时，去除了 DVI 接口的 4、5、12、13、20、21 引脚(即通道 3、4、5 的信号)，仅保留通道 0、1、2 的信号，单路通道的信号带宽为165 MHz。

对于 DVI 双通道输入方式，需要 DVI 接口的全部 24 个引脚，因此，这种接口也称 24 针 DVI 接口。

在画面显示上，单通道的 DVI 输入方式支持的分辨率和双通道的完全一样，但刷新率却只有双通道的一半左右。一般来讲，采用单通道 DVI 输入时，最大的刷新率只能支持到 1 920 ×1 080（60 Hz）或 1 600 ×1 200（60 Hz），再高的话就会造成显示效果的不良。

(4) DVI 接口的优点。

和 VGA 接口相比，DVI 接口具有以下优点：

① 速度快。

DVI 信号是将显卡中经过处理的待显示 R、G、B 数字信号与 H（行）、V（场）信号进行组合，按最小非归零编码，将每个像素点按 10 bit 的数字信号进行并/串转换，把编码后的 R、G、B 数字流与像素时钟等 4 组信号按照 TMDS 方式进行传输。可见，DVI 传输的是数字信号，它不需经过 D/A 和 A/D 转换，就直接被传送到液晶电视机上，减少了烦琐的转换过程，因此它的速度更快，有效消除了拖影现象；而且使用 DVI 进行数据传输时，信号没有衰减，色彩更纯净、更逼真。

根据 DVI 标准，一条 TMDS 通道可以达到 165 MHz 的工作频率（10 bit），也就是可以提供 1.65 Gbit/s 的带宽，这足以应付 1 920 ×1 080/60 Hz 的显示要求。另外，为了扩充兼容性，DVI 还可以使用第二条 TMDS 通道，其工作频率与另一条同步。在有两个 TMDS 通道的情况下，允许更大的带宽，可以支持最大 330 MHz 的带宽，这样可以轻松实现每个像素 8 bit数据，2 048 ×1 536 的分辨率。

② 画面清晰。

计算机内部传输的是二进制的数字信号，使用 VGA 接口连接液晶电视机的话就需要先把信号通过显卡中的 D/A 转换器转变为 R、G、B 三原色信号和 H、V 同步信号，这些信号通过模拟信号线传输到液晶内部还需要相应的 A/D 转换器将模拟信号再一次转变成数字信号，才能在液晶显示屏上显示出图像。在上述的 D/A、A/D 转换和信号传输过程中不可避免地会出现信号的损失和使信号受到干扰，导致图像出现失真甚至显示错误，而 DVI 接口无须进行这些转换，避免了信号的损失，使图像的清晰度和细节表现力都得到了大大提高。

图 5 – 12（a）所示为 VGA 模拟信号输入方式，从图中可以看出，数据信号在计算机主机显卡端和液晶电视机中分别经过 D/A 转换（DAC）和 A/D 转换（ADC），信号质量会变差。

图 5 – 12（b）所示为 DVI 数字信号输入方式，从图中可以看出，计算机主机显卡产生的数字显示信号直接送往液晶电视机，省去了 D/A 和 A/D 转换，信号质量不受影响。

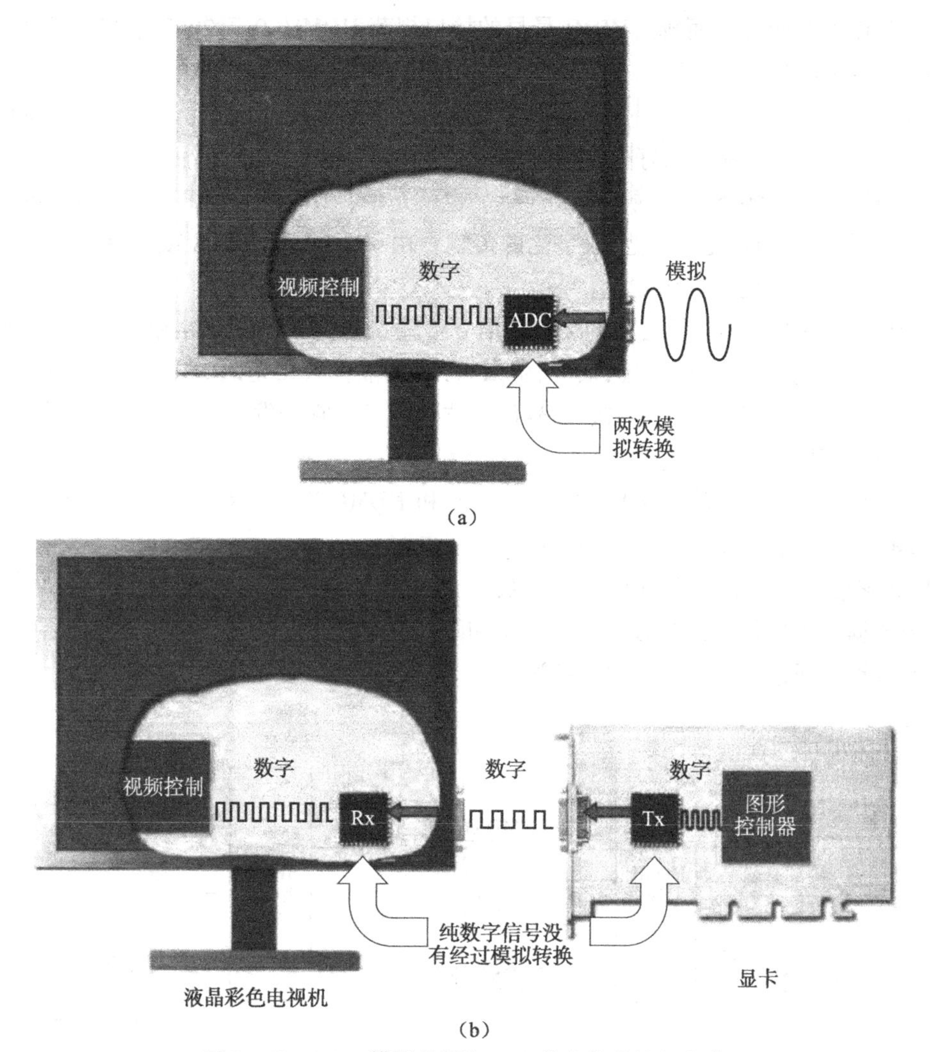

图5-12　VGA模拟信号和DVI数字信号输入方式

(a) VGA模拟信号输入方式；(b) DVI数字信号输入方式

对于液晶电视机来说，只要不是使用在高分辨率下，DVI和VGA的差别并不大，当然，如果液晶电视机带有DVI和VGA双接口，那么，还是强烈建议使用DVI接口，毕竟它不用将信号进行两次D/A转换，会使信号损失更小，得到的画面质量也会有一定提高。

7）HDMI接口

(1) HDMI接口介绍。

HDMI（High-Definition Multimedia Interface）又称为高清晰度多媒体接口，其外形如图5-13所示，HDMI接口是首个支持在单线缆上传输不经过压缩的全数字高清晰度、多声道音频和智能格式与控制命令数据的数字接口。HDMI接口由Silicon Image（美国晶像）公司倡导，联合索尼、日立、松下、飞利浦、汤姆逊、东芝等8家著名的消费类电子制造

图5-13　HDMI接口外形

商成立的工作组共同开发而成。HDMI 最早的接口规范 HDMI1.0 于 2002 年 12 月公布，目前的最高版本是 HDMI 1.3 规范。

作为最新一代的数字接口，HDMI 已经被越来越多的厂商与用户认可。而对比同样数字化的 DVI 接口，HDMI 最大的好处在于只需要一条线缆，便可以同时传送视频与音频信号，而不像此前那样需要多条电缆线来完成连接。也就是说，HDMI 等于 DVI 的视频信号再加上音频信号。另外，HDMI 也是完全数字化的传输，由于无须进行 D/A 或者 A/D 转换，因此能取得更高的音频和视频传输质量。

HDMI 主要是以美国晶像公司的 TMDS 信号传输技术为核心，这也就是为何 HDMI 接口和 DVI 接口能够通过转换接头相互转换的原因。美国晶像公司是 HDMI 8 个发起者中唯一的集成电路设计制造公司，因为 TMDS 信号传输技术就是由它开发出来的，所以其是高速串行数据传输技术领域的领导厂商。

一般情况下，HDMI 系统由 HDMI 信源设备和 HDMI 接收设备组成，如图 5－14 所示，其中 HDMI 就是液晶电视机内部的 HDMI 接收器电路。

HDMI 接收器包括 3 个不同的 TMDS 数据信息通道和一个时钟通道，这些通道支持视频、音频数据和附加信息，视频、音频数据和附加信息通过 3 个通道传送到接收器上，而视频的像素时钟则通过 TMDS 时钟通道传送。

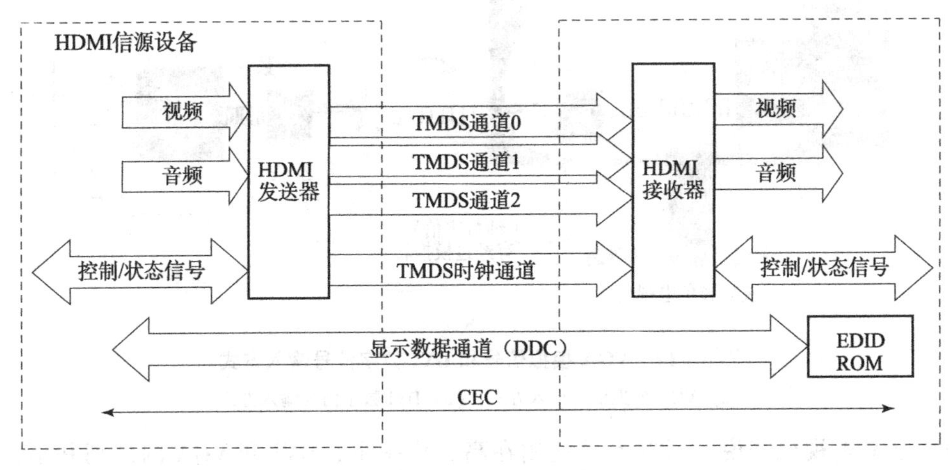

图 5－14　HDMI 系统

（2）HDMI 接口引脚配置。

HDMI 接口连接器有 A 型和 B 型两种类型。A 型连接器包含 HDMI 所必需的全部信号，包含一个 TMDS 链路。B 型连接器包含两个 TMDS 传送链路，这个连接器可支持高分辨率计算机显示器，需要宽带双传送链路的配置。A 型与 B 型两连接器之间要使用指定的电缆适配器。

源端、接收端使用 A 型连接器只能支持一种由器件规格书定义的视频格式，使用 B 型连接器可支持任何视频格式。A 型的结构如图 5－15（a）所示，引脚的功能如表 5－2 所示。B 型的结构如图 5－15（b）所示，引脚的功能如表 5－3 所示。

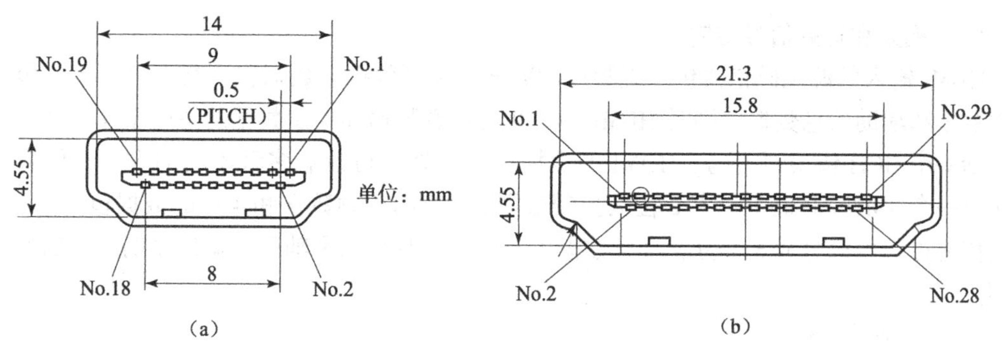

图5-15 A型和B型HDMI插座

(a) A型连接器引脚（插座）；(b) B型连接器引脚（插座）

表5-2 A型结构的HDMI插座引脚功能

引脚	功 能	引脚	功 能
1	TMDS 数据 2 +	11	TMDS 时钟屏蔽
2	TMDS 数据 2 屏蔽	12	TMDS 时钟 -
3	TMDS 数据 2 -	13	CEC
4	TMDS 数据 1 +	14	保留
5	TMDS 数据 1 屏蔽	15	SCL
6	TMDS 数据 1 -	16	SDA
7	TMDS 数据 0 +	17	DDC/CEC 地
8	TMDS 数据 0 屏蔽	18	+5 V
9	TMDS 数据 0 -	19	HPD 热插拔
10	TMDS 时钟 +		

表5-3 B型结构的HDMI插座引脚功能

引脚	功 能	引脚	功 能
1	TMDS 数据 2 +	16	TMDS 数据 4 +
2	TMDS 数据 2 屏蔽	17	TMDS 数据 4 屏蔽
3	TMDS 数据 2 -	18	TMDS 数据 4 -
4	TMDS 数据 1 +	19	TMDS 数据 3 +
5	TMDS 数据 1 屏蔽	20	TMDS 数据 3 屏蔽
6	TMDS 数据 1 -	21	TMDS 数据 3 -
7	TMDS 数据 0 +	22	CEC
8	TMDS 数据 0 屏蔽	23	保留
9	TMDS 数据 0 -	24	保留
10	TMDS 时钟 +	25	SCL
11	TMDS 时钟屏蔽	26	SDA
12	TMDS 时钟 -	27	DDC/CEC 地
13	TMDS 数据 5 +	28	+5 V
14	TMDS 数据 5 屏蔽	29	HPD 热插拔
15	TMDS 数据 5 -		

（3）视频和音频信号传输。

HDMI 输入的源编码格式包括视频像素数据、控制数据和数据包。其中数据包中包含有音频数据和辅助信息数据，同时 HDMI 为了获得声音数据和控制数据的高可靠性，数据包中还包括一个 BCH 错误纠正码。HDMI 的数据信息的处理可以有多种不同的方式，但最终都是在每一个 TMDS 通道中包含 2 位的控制数据、8 位的视频数据和 4 位的数据包。HDMI 的数据传输过程可以分成 3 部分：视频数据传输期、音频数据和辅助数据传输期及控制数据传输期。

① 视频数据传输期。

HDMI 数据线上传输视频像素信号，视频信号经过编码，生成 3 路（即 3 个 TMDS 数据信息通道，每路 8 位）共 24 位的视频数据流，输入到 HDMI 发送器中。24 位像素的视频信号通过 TMDS 通道传输，将每通道 8 位的信号编码转换为 10 位，在每个 10 位像素时钟周期传送一个最小化的信号序列，视频信号被调制为 TMDS 数据信号传送出去，最后到接收器中接收。

② 音频数据和辅助数据传输期。

TMDS 通道上将出现音频数据和辅助数据，这些数据每 4 位为一组，构成一个 4 位数据包，数据包和视频数据一样，被调制为 10 位一组的 TMDS 信号后发出。

③ 控制数据传输期。

在上面任意两个数据传输周期之间，每一个 TMDS 通道包含 2 位的控制数据，这一共 6 位的控制数据分别为 HSYNC（行同步）、VSYNC（场同步）、CTL0、CTL1、CTL2 和 CTL3。

每个 TMDS 通道包含 2 位的控制数据，采用从 2 位到 10 位的编码方法，在每个控制周期最后的阶段，CTL0、CTL1、CTL2 和 CTL3 组成的文件头，说明下一个周期是视频数据传输期，还是音频数据和辅助数据传输期。

音频数据、辅助数据和控制数据的传输是视频数据传输的消隐期，这意味着在传输音频数据和其他辅助数据的时候，并不会占据视频数据传输的带宽，并且也不需要一个单独的通道来传输音频数据和其他辅助数据，这也就是为什么一根 HDMI 数据线可以同时传输视频信号和音频信号的原因。

（4）HDMI 的视频带宽。

HDMI 的数据信息的处理可以有多种不同的方式，也就是说 HMDI 支持多种方式的视频编码，通过对 3 个 TMDS 数据信息通道的合理分配，既可以传输 RGB 数字色度分量的4:4:4 信号，也可以传输 YCbCr 数字色差分量的 4:2:2 信号，最高可满足 24 位视频信号的传输需要。

HDMI 每个 TMDS 通道视频像素流的频率一般在 25～165 MHz，HDMI1.3 规范已经将这一上限提升到了 225 MHz，当视频格式的频率低于 25 MHz 时，将使用像素重复法来传输，即视频流中的像素被重复使用。以每个 TMDS 通道最高 165 MHz 的频率计算，3 个 TMDS 通道传输 R/G/B 或者 Y/Cb/Cr 格式编码的 24 位像素视频数据，最大带宽可以达到4.95 Gbit/s，实际视频信号传输带宽接近 4 Gbit/s，因此 HDMI 拥有充足带宽不仅可以满足现在高清视频的需要，在今后相当长一段时间内都可以提供对更高清晰度视频格式的支持。

除了大的视频信号带宽之外，HDMI 还在协议中加入了对音频信号传输的支持，HDMI 的音频信号不占用额外的通道，而是和其他辅助信息一起组成数据包，利用 3 个 TMDS 通道在视频信号传输的消隐期进行传送。

（5）HDCP 版权保护机制。

① HDCP 版权保护机制的功能。

HDMI 技术的一大特点，就是具备完善的版权保护机制，因此受到了以好莱坞为代表的影视娱乐产业的广泛欢迎。例如美国的节目内容分销商 DIRECTV、EchoStar、CableLabs 协会，都明确表示要使用 HDCP 技术来保护他们的数字影音节目在传播过程中不会被非法组织翻拍。因此，HDMI 加入了 HDCP 版权保护机制后，从节目源方面就会有更加充分的保障。

HDCP 全名为 High - bandwidth Digital Content Protection，中文名称是“高带宽数字内容保护”。HDCP 就是在使用数字格式传输信号的基础上，再加入一层版权认证保护的技术。这项技术由好莱坞内容商与 Intel 公司合作开发，并在 2000 年 2 月份正式推出。HDCP 技术可以被应用到各种数字化视频设备上，例如计算机的显示卡、DVD 播放机、显示器、电视机、投影机等。

这个技术的开发目的就是为了解决 21 世纪数字化影像技术和电视技术高度发展后所带来的盗版问题。在各种视频节目、有线电视节目、电影节目都实现数字化传播后，没有保护的数字信号在传播、复制的过程中变得非常容易，并且不会像模拟信号经过多次复制后会出现明显的画质下降问题，因此不会对整个影视行业产生极大的危害。这也是 HDCP 在 21 世纪之初就迅速诞生的原因。

相比于传统的加密技术，HDCP 在内容保护机制上走了一条完全不同于传统的道路，并且收到了良好的效果。传统的加密技术是通过复杂的密码设置，让全部数字信号都无法录制或播放，但 HDCP 是将数字信号进行加密后，让非法的录制等手段无法达到原有的高分辨率画质。也就是说，如果你的设备不支持 HDCP 协议，录制或播放的时候效果会大打折扣，或者根本播放不出来。此外，HDCP 还是一种双向的内容保护机制。也就是说，HDCP 的要求是播放的数字内容以及硬件本身都必须遵照一套完整的协议才能实现，其中任一方面出现问题都可能导致播放失败。打个比方，如果用户买的液晶电视机有 HDCP 功能，但是，DVD 播放机却不带 HDCP 功能，那么在看有 HDCP 版权保护的正版 DVD 时，是不能正常播放的。

② HDCP 实现机制。

每个支持 HDCP 的设备都必须拥有一个独一无二的 HDCP 密钥（Secret Device Keys），密钥由 40 组 56 bit 的数组密码组成。HDCP 密钥可以放在单独的存储芯片中，也可以放在其他芯片内部，例如 ATI 和 Nvidia（世界两大著名显卡主芯片供应商）完全可以将它们放入显示芯片中。每一个有 HDCP 芯片的设备都会拥有一组私钥（Device Private Key），一组私钥可组成 KSV（Key Selection Vector）。KSV 相当于拥有 HDCP 芯片设备的 ID 号。HDCP 传输器在发送信号前，将会检查传输和接收数据的双方是否是 HDCP 设备，它利用 HDCP 密钥让传输器与接收端交换，这时双方将会获得一组 KSV 并且开始进行运算，其运算的结果会让两方进行对照，若运算出来的数值相符，传输器就可以确认该接收端为合法的一方。传输器确定了接收端符合要求后，便会开始传输信号，不过这时传输器会在信号上加入一组密码，接收端必须实时解密才能够正确地显示影像。换句话说，HDCP 并不是确认双方合法后就不管了，HDCP 还在传输中加入了密码，以防止在传输过程中偷换设备。具体的实现方法是，

HDCP 系统会每 2 s 进行确认，同时每 128 帧画面进行一次，发送端和接收端便计算一次 RI 值，比较两个 RI 值来确认连接是否同步。

密码和算法泄密是厂家最头疼的事，为了应对这个问题，HDCP 特别建立了“撤销密钥”机制。每个设备的密钥集 KSV 值都是唯一的，HDCP 系统会在收到 KSV 值后在撤销列表中进行比较和查找，出现在列表中的 KSV 将被认为非法，导致认证过程的失败。这里的撤销密钥列表将包含在 HDCP 对应的多媒体数据中，并将自动更新。简单地说，KSV 是针对每一个设备指定了唯一的序号，比较方便的可用号码是每个设备的 SN 号。这样一来，即便是某个设备被破解了，也不会影响到整体的加密效果。总的来说，HDCP 的规范相当严谨，除了内容本身加密外，传输过程也考虑得相当精细，双方设备都要内置 HDCP 才能实现播放。但是，最后需要指出的是，HDCP 和 HDMI 或者 DVI 接口之间并没有必然的联系，只是 HDMI 标准在制定之初就已经详细地考虑到了对 HDCP 的支持，并且在主控芯片中内置了 HDCP 编码引擎，因此在版权保护方面，要大大领先于 DVI 技术。

（6）HDMI 接口密钥数据存储器和 DDC 存储器。

① HDMI 接口密钥数据存储器。

HDMI 接口密钥数据存储器的作用是用来存储 HDCP 密钥。HDMI 接口密钥数据（HD-MIKEY 或 HDCP KEY）存储器主要有两种：

一种是存储在 HDMI 接收芯片中，例如 Sil9023 内部就存储有 HDCP 密钥，该密钥被存储在 Sil9023 内置的 HDCP KEYs ROM 中，如图 5－16 所示 Sil9023 内部电路框图，这种方式在 HDMI 接收芯片出厂时就写好了 HDMI KEY。

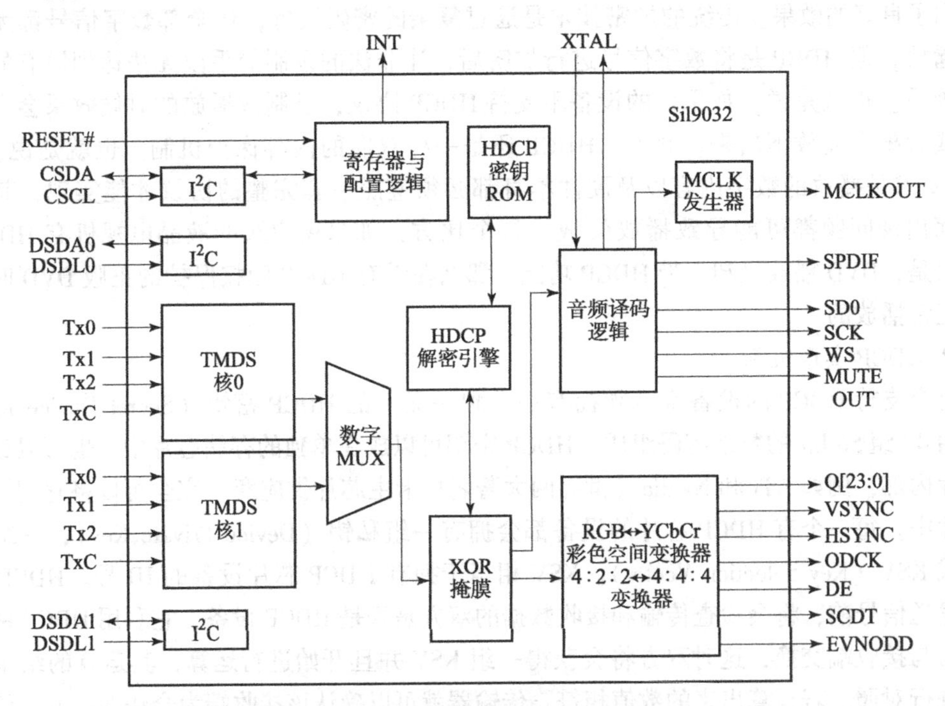

图 5－16　Sil9023 内部电路框图

另一种方式是存储在 HDMI 接收芯片外部，例如 MST9X88L 超级 LCD TV 单片中集成 HDMI 接收功能，它的 HDMI 密钥就存储在外部的 24C 存储器中。另外，Mstar 生产的 HDMI

芯片 MT8293，其 HDMI KEY 也存储在外部 24C 存储器中。

② HDMI 接口 DDC 存储器。

在 HDMI 接口电路中，一般还有一个 DDC 存储器，其作用类似于 VGA、DVI 接口中的 DDC 存储器（EDID 数据存储器）。在 DDC 存储器中，存储了有关液晶电视机的基本信息（如厂商、型号、显示模式配置等），存储器通过 I^2C 总线与 HDMI 设备进行通信，完成液晶电视机的身份识别，只有 HDMI 设备识别出液晶电视机后，两者才能同步、协调、稳定地工作。

8）USB 接口

一些新型液晶电视机上装有 USB 接口，可读取外接移动硬盘和 U 盘的资料，可以进行录像等。USB 的全称是 Universal Serial Bus，中文含义是“通用串行总线”。USB 是在 1994 年年底由 Intel、康柏、IBM、Microsoft 等多家公司联合提出的。USB 支持热插拔，它即插即用的优点，使其成为计算机最主要的接口方式。

USB 接口有 4 个引脚，分别是 USB 电源（一般为 5 V）、USB 数据线 +、USB 数据线 - 和地线。

USB 有两个规范，即 USB 1.1 和 USB 2.0。

USB1.1 高速方式的传输速率为 12 Mbit/s，低速方式的传输速率为 1.5 Mbit/s，1 MB/s（兆字节/秒）= 8 Mbit/s（兆比特/秒），12 Mbit/s = 1.5 MB/s。

USB 2.0 规范是由 USB1.1 规范演变而来的。它的传输速率达到了 480 Mbit/s，折算为 MB 为 60 MB/s，足以满足大多数外设的速率要求。USB 2.0 中的“增强主机控制器接口（EHCI）”定义了一个与 USB 1.1 相兼容的架构，它可以用 USB 2.0 的驱动程序驱动 USB 1.1 设备。也就是说，所有支持 USB 1.1 的设备都可以直接在 USB 2.0 的接口上使用而不必担心兼容性问题，而且像 USB 线、插头等附件也都可以直接使用。

USB 2.0 标准进一步将接口速率提高到 480 Mbit/s，更大幅度地减少了视频、音频文件的传输时间。

2. 液晶电视机公共通道电路介绍

液晶电视机的公共通道是液晶电视机的最前端电路，主要包括高频调谐器（高频头）和中频处理电路两部分。

1）高频调谐器

高频调谐器又称高频头，是液晶电视机信号通道最前端的一部分电路。它的主要作用是调谐所接收的电视信号，即对天线接收到的电视信号进行选择、放大和变频。

（1）高频调谐器的电路组成。

高频调谐器的电路组成如图 5-17 所示，它由 VHF 调谐器和 UHF 调谐器组成。VHF 调谐器由输入回路、高频放大器电路、本振电路和混频电路组成，由混频电路输出中频信号。UHF 调谐器由输入回路、高频放大器电路和变频电路组成。在 UHF 调谐器中，输出的中频信号还要送至 VHF 混频电路，这时 VHF 调谐器的混频电路变成了 UHF 调谐器的中放电路。由于高频调谐器的工作频率很高，为防止外界电磁场干扰和本机振荡器的辐射，高频调谐器被封装在一个金属小盒内，金属盒接地，起屏蔽作用。

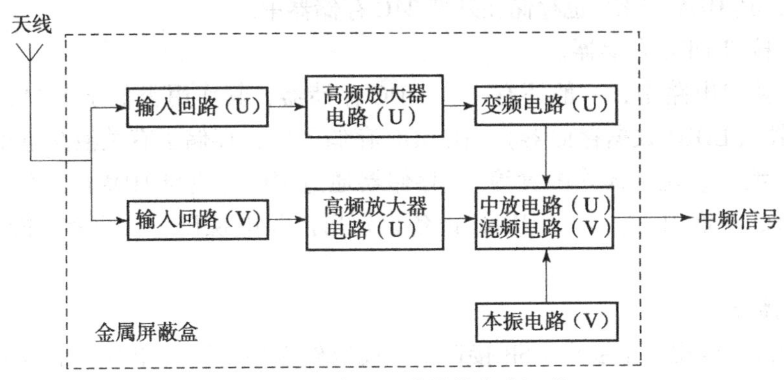

图 5－17　高频调谐器的电路组成

VHF 调谐器与 UHF 调谐器的调谐原理是基本相同的。从天线接收进来的高频电视信号进入收看的频道，而抑制掉其他各种干扰信号。为提高接收灵敏度，高频电视信号先经过选频放大，然后送入混频电路，与本振电路产生的本振信号进行混频，以产生中频电视信号。

（2）高频调谐器的功能。

高频调谐器的功能主要有 3 个方面。

① 选频。

通过频段切换和改变调谐电压选出所要接收的电视频道信号，抑制掉邻近频道信号和其他各种干扰信号。

② 放大。

将接收到的微弱高频电视信号进行放大，以提高灵敏度。

③ 变频。

将接收到的载频为 f_p 的图像信号、载频为 f_c 的色度信号、载频为 f_s 的伴音信号分别与本振信号 f_o 进行混频，变换成载频为 38 MHz 的图像中频信号、载频为 33.57 MHz 的色度中频信号和载频为 31.5 MHz 的第一伴音中频信号，并将它们送至中频放大电路。

（3）液晶电视机常用高频头。

液晶电视机常用的高频头主要有频率合成式高频头和中放一体化高频头，下面分别进行介绍。

① 频率合成式高频头。

图 5－18 所示为频率合成式高频头内部电路框图。

频率合成式高频头采用了锁相环（PLL）技术，不像电压合成式高频头那样由 MCU 直接提供高频头的频段、调谐电压，而是由 MCU 通过 I^2C 总线向高频头内接口电路传输波段数据和分频比数据，于是高频头内的可编程分频器等电路对本振电路的振荡频率 f_{osc} 进行分频，得到分频后的频率 f_o，再与一个稳定度极高的基准频率在鉴相器内进行比较。若两者有频率或相位的误差时，则立即产生一个相位误差电压，经低通滤波后去改变本振 VCO 的频率，直至两者相位相等。此时的本振频率即被精确锁定在所收看的频道上，也就是说，高频头内的本振电路的振荡频率一直跟踪电视台的发射频率，故接收特别稳定。

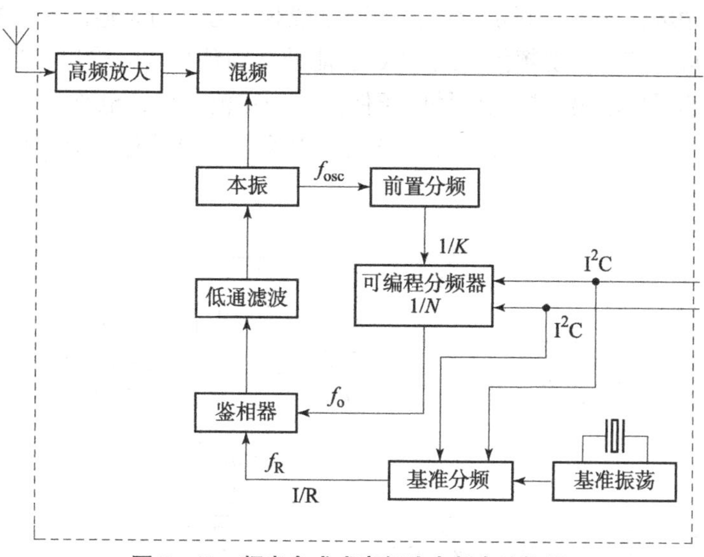

图5-18　频率合成式高频头内部电路框图

② 中放一体化高频头。

液晶电视机中使用较多的是中放一体化高频头。中放一体化高频头内部集成有频率合成式高频头和中频处理两部分电路，它能直接输出视频全电视信号CVBS和第二伴音中频信号SIF或者直接输出视频全电视信号CVBS和音频信号AUDIO。这样设计，不但简化了电路，提高了电视机的性能，而且便于生产和维修。图5-19所示为中放一体化高频头及在液晶电视机中的应用。

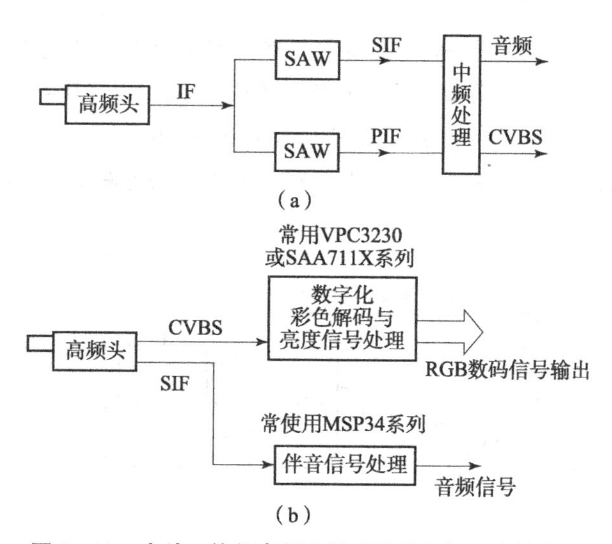

图5-19　中放一体化高频头及在液晶电视机中的应用

2）中频处理电路

中频处理电路也称中频通道，一般由声表面波滤波器、中频放大、视频检波、噪声抑制(ANC)、预视放、AGC、AFT等电路组成，如图5-20所示（图中虚线部分表示此部分电路集成在一起，我们称之为中频处理IC）。高频调谐器输出的中频信号首先经过声表面波滤波器，一次性形成中放特性曲线。然后进行中频放大，将信号放大到视频检波所需的幅度。

视频检波电路对中频信号进行同步检波，还原出视频信号，同时输出 6.5 MHz 的第二伴音中频常规高频头应用信号。视频信号经 ANC 也能处理和预视放后输出。当接收的电视信号有强弱变化时，为了使输出的视频信号电压保持在一定范围内，电路设置了 AGC 电路。而 AFT 电路的作用是当中频信号频率发生变化时，对高频调谐器进行频率微调，以稳定中频频率。

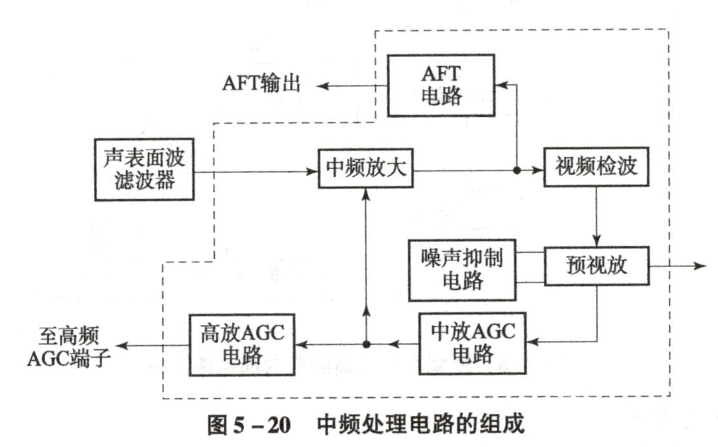

图 5－20　中频处理电路的组成

5.2　液晶电视机视频解码电路和 A/D 转换电路

1. 液晶电视机视频解码电路

根据解码的方式不同，视频解码可分为模拟解码和数字解码两大类：模拟视频解码就是对输入的视频信号先进行 Y/C 分离，再将色度 C 信号分离出 U（B－Y）、V（R－Y），最后在矩阵电路中与亮度信号 Y 进行计算，以获得模拟的 RGB 信号，再送到外部 A/D 转换电路，将模拟信号转换为数字信号。图 5－21 所示为模拟解码电路的工作示意图。

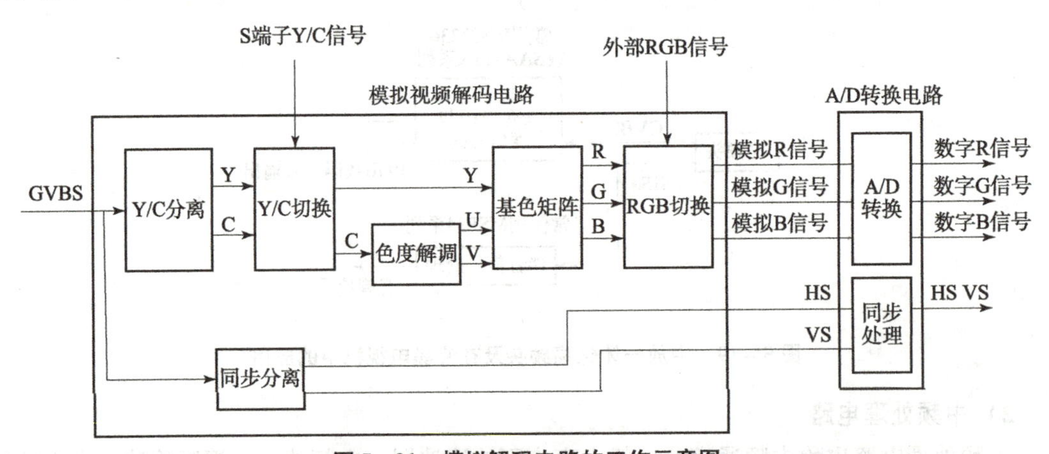

图 5－21　模拟解码电路的工作示意图

电路的工作过程如下：解调出的彩色全电视信号 CVBS 送到模拟视频解码电路，在模拟解码电路中，CVBS 信号送到 Y/C 分离电路后，将亮度信号 Y 和色度信号 C 分离，分离后的 Y、C 信号送到 Y/C 切换电路，与 S 端子输入的 Y/C 信号切换后，其中的 Y 信号送到基色矩阵电路，C信号送到色度解调电路，解调出两个色差信号U（B－Y）和V（R－Y）也送到基色矩阵电路。在基色矩阵电路中，Y、U（B－Y）、V（R－Y）3个信号进行运算处理，产生RGB信号，送到RGB切换开关电路，与外部RGB信号（如字符信号）进行切换，切换后的RGB信号送到外部A/D转换电路，将模拟的RGB信号转换为数字RGB信号，再加到后面的去隔行处理电路。

液晶电视机采用的模拟解码芯片有多种，常用的有TB1261、TB1274AF、LA76930、TDA9321、OM8838、TMPA8809、TDA9370、TDA120XX、TDA150XX等。在以上几种芯片中，TMPA8809、TDA9370、TDA120XX、TDA150XX为超级芯片，也就是说，其内部不但集成有解码电路，而且还具有MCU的功能。

图5－22所示为液晶电视机常用模拟解码方式的电路配置方案，这部分电路也常称为模拟信号前端。

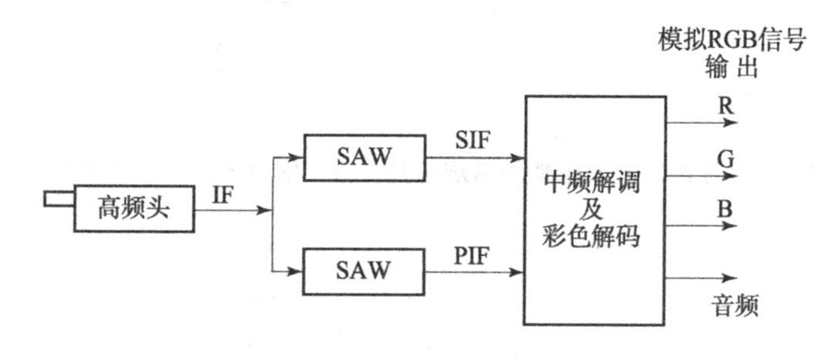

图5－22　液晶电视机常用模拟解码方式的电路配置方案

数字视频解码就是先用A/D转换电路对模拟的视频信号进行数字化处理，然后进行Y/C分离和数字彩色解码，以获得数字Y、U（B－Y）、V（R－Y）或数字RGB数据，送到后面的去隔行处理电路。图5－23所示为数字视频解码电路的工作示意图。

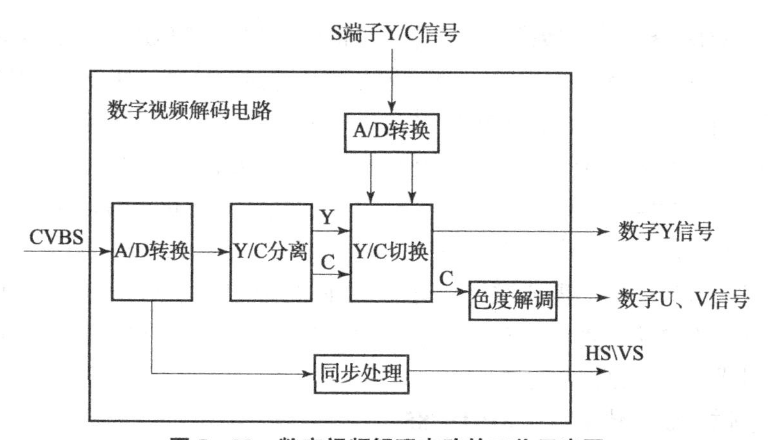

图5－23　数字视频解码电路的工作示意图

液晶电视机采用的数字解码芯片有很多，既有专用的数字解码芯片，如SAA717X、VPC3230D、TVP5147等，也有将数字解码与去隔行、图像缩放功能集成在一起的芯片，如VP－EX、SVP－PX、SVP－LX、SVP－CX等；也有将数字解码与MCU集成在一起的数字解码超级芯片，如VCT49XY、VCT6973等；还有将A/D转换器、MCU、视频解码器、去隔行处理、图像缩放、LVDS发送器等多个电路集于一体的全功能超级芯片，如MT8200、MT8201、MT8202、MST718BU、MST96889、MST9U88LB、MST9U89AL、TDA155XX、FLI8532、PW106、PW328等。

图5-24所示为液晶电视机中使用常规高频头数字解码方式的电路配置方案，图5-25所示为液晶电视机中使用中放一体化高频头数字解码方式的电路配置方案。

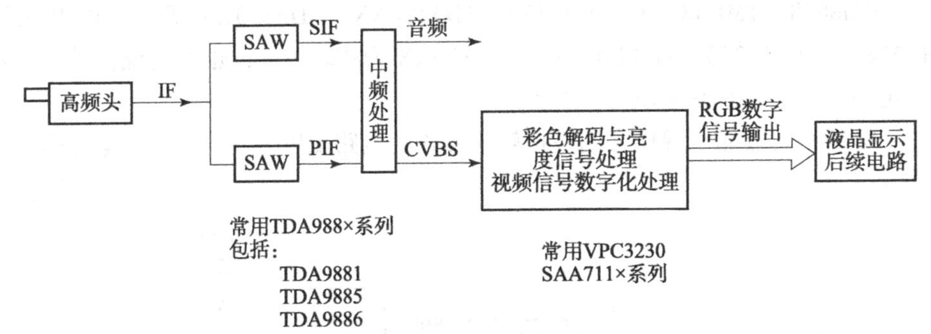

图5-24　液晶电视机中使用常规高频头数字解码方式的电路配置方案

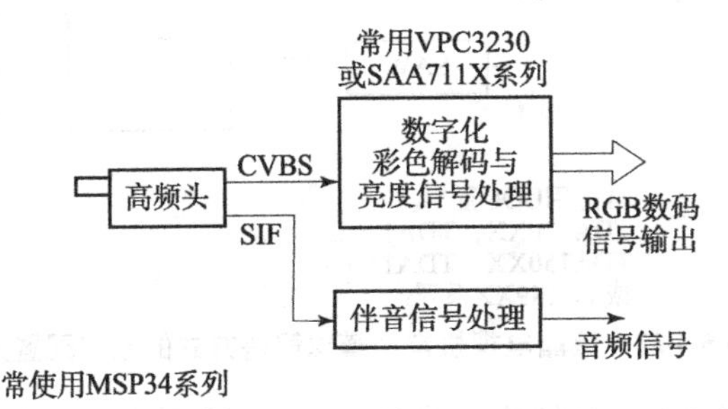

图5-25　液晶电视机中使用中放一体化高频头数字解码方式的电路配置方案

2. 液晶电视机A/D转换电路

液晶电视机A/D（模/数）转换电路的作用是将模拟YUV或RGB信号转换为数字YUV或数字RGB信号，送至去隔行、SCALER（图像缩放）电路进行处理。在液晶电视机中一般需要多个A/D转换电路，以便对不同的模拟信号进行数字转换。A/D转换电路既有独立的芯片，如常用的AD9883、AD9884、TDA8752、TDA8759等；也有集成在其他电路中的组合芯片，如去隔行、SCALER芯片都集成有A/D转换电路。下面主要介绍独立A/D转换电路。

下面以液晶电视机较为常用的A/D转换芯片MST9885和AD9884为例，介绍A/D转换电路的内部组成和引脚功能。需要说明的是，现在很多机型已不再采用独立的A/D芯片，也就是说，A/D转换电路已被集成在SCALER电路中，但无论是独立的还是被其他电路集成的，其内部组成和工作原理是完全一致的。

1）液晶电视机A/D转换芯片MST9885

MST9885是一块用于个人计算机和工作站捕获RGB三基色图像信号的优选8位输出的模拟量接口电路，它的140 Msps的编码速率和300 MHz的模拟量带宽可支持高达1 280×1 024（SXGA）的显示分辨率，它有充足的输入带宽来精确获得每一个像素并将其数字化。

MTS9885的内部锁相环以行同步输入信号为基准产生像素时钟，像素时钟的输出频率范围为 20 ~ 140 MHz。

MTS9885 有 3 个高阻模拟输入脚作为 RGB 三基色通道，它适应 0.5 ~ 1.0 V 峰峰值的输入信号，信号的输入和地的阻抗应保持为 75 Ω，并且通过 47 nF 电容耦合到 MTS9885 输入端，这些电容构成了部分直流恢复电路。

行同步信号从 MTS9885 的 30 脚输入，用来产生像素时钟 DCLKA 信号和钳位。行同步信号输入端包括一个施密特触发器，以消除噪声信号。为使三基色输入信号被正确地数字化，输入信号的直流分量补偿必须被调整到适合 A/D 转换的范围。行同步信号的后肩为钳位电路提供基准的参考高电平，产生钳位脉冲确保输入信号被正常钳位。另外，通过增益的调整，可调节图像的对比度；通过调整直流分量的补偿，可以调整图像的亮度。MST9885 内部电路框图如图 5 - 26 所示，其引脚功能如表 5 - 4 所示。

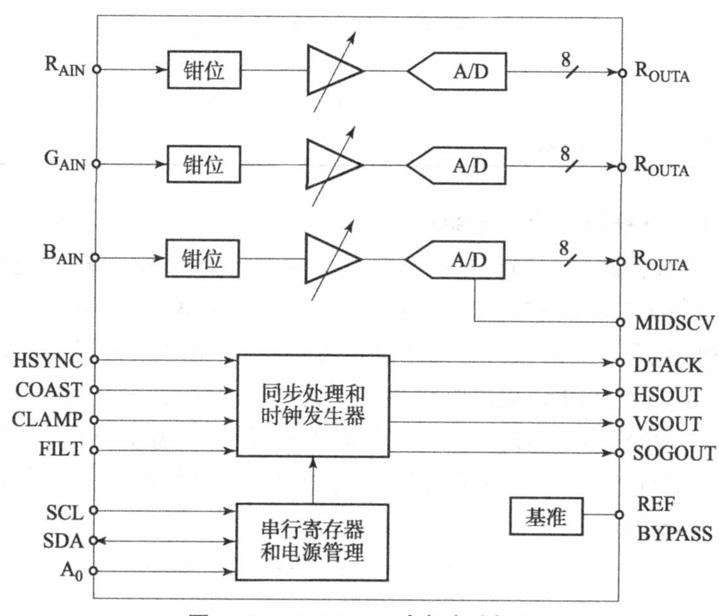

图 5 - 26　MST9885 内部电路框图

表 5 - 4　MTS9885 引脚功能

脚位	引脚名	功能	脚位	引脚名	功能
70 ~ 77	RED0 ~ RED7	数字红基色信号输出	48	GAIN	模拟绿基色信号输入
2 ~ 9	GREEN0 ~ GREEN7	数字绿基色信号输出	54	RAIN	模拟红基色信号输入
12 ~ 19	BLUE0 ~ BLUE7	数字蓝基色信号输出	29	GOAST	锁相控制脉冲输入
67	DATACK	像素时钟	38	GLAMP	外部钳位信号
66	HSOUT	数字行同步信号输出	55	AO	地址串行输入
65	SOGOUT	绿基色限幅的同步信号	56	SCL	I^2C 总线时钟线
64	VSOUT	数字场同步信号输出	57	SDA	I^2C 总线数据线
37	MIDSCV	RGB 钳位参考电位	33	FILT	锁相环外接滤波器

续表

脚位	引脚名	功能	脚位	引脚名	功能
58	REFBYP	内部参考电位	26、27、39、42、45、46、51、52、59、62	AVDD	模拟电源
31	VSYNC	模拟场同步信号输入	11、22、23、69、78、79	V33	输出端口工作电源
30	HSYNC	模拟行同步信号输入	34、35	PVDD	锁相环工作电源
43	BAIN	模拟蓝基色信号输入	1、10、20、21、24、25、28、32、36、40、41、44、47、50、53、60、61、63、68、80	GND	地
49	SOGIN	模拟绿基色同步信号输入			

2）液晶电视 A/D 转换芯片 AD9884

AD9884 是一个 8 位高速 A/D 转换电路，具有 140 Msps 的编码能力和 500 Hz 全功率的模拟带宽，能够支持 1 280 ×1 024 分辨率和 75 Hz 的刷新频率。为了将系统消耗和能源浪费降至最低，AD9884 包含一个内部的 +1.25 V 参考电压。AD9884 采用 3.3 V 供电，输入信号范围为 0.5 ~1.0 V，电路可以提供 2.5 ~3.3 V 的三态门输出。AD9884 具有单路和双路两种输出模式，当采用单路输出模式时，只采用端口 A，端口 B 悬空而处于高阻状态；当采用双路输出时，可从端口 A、B 输出两路数字信号。AD9884 的内部电路框图如图 5 -27 所示，其引脚功能如表 5 -5 所示。

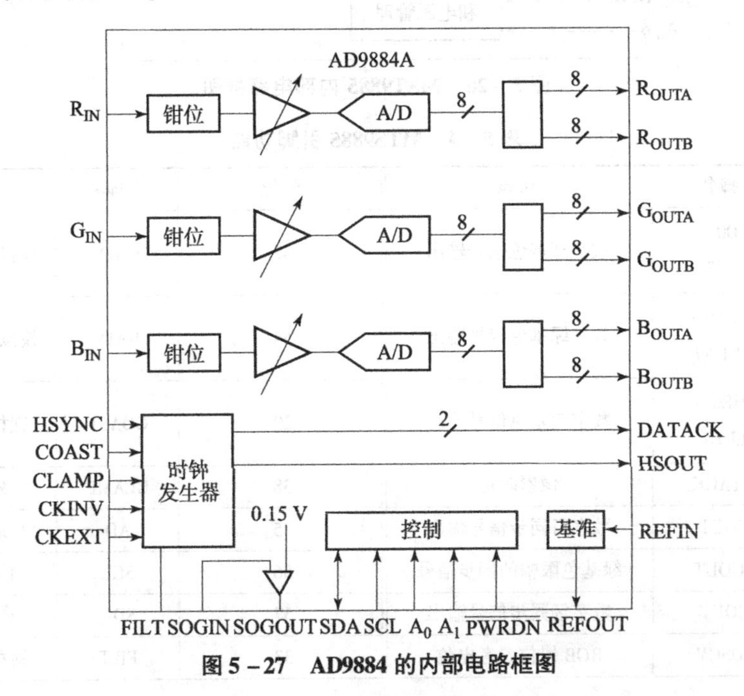

图 5 -27　AD9884 的内部电路框图

表 5－5　AD9884 引出脚功能

脚位	符号	引脚功能
1～3	NC	通常接空脚处理
4、8、10、11、16、18、19、23、25、124、128	VD1～VD11	AVDD 供电端
54、64、74、84、94、104、114、120	VDD1～VDD8	3.3 V 供电端
33、34、43、48、50	PVDD	PVDD 锁相环电路供电
7	R－IN	PC 机的 R 模拟信号输入
14	SOGIN	绿色 G 同步信号输入
15	C－IN	PC 机的 G 模拟信号输入
22	B－IN	PC 机的 B 模拟信号输入
28	LCAMP	钳位信号输入（内部钳位）
27	CLKINV	行锁相 PLL 时钟信号输入
40	HSYNC	VGA 的行同步信号输入
41	COAST	PLL 锁相环控制信号输入
44	CLKEXT	压控振荡时钟控制信号输入
45	FILT	锁相环 PLL 滤波
127	REF－IN	基准电压输入
126	REF－OUT	基准电压输出
125	PWRDN	LVDS 控制信号输入
29	SDA	I^2C 总线控制数据输入/出
30	SCL	I^2C 总线控制时钟输入
31	A0	串行端地址输入 0
32	A1	串行端地址输入 1
115	DATACK	数字时钟信号输出
116	DATACK	数字时钟信号输出
117	HSOUT	VCA 行同步信号输出
118	SOGOUT	绿色同步信号 G 输出
55～62	DbB0～DbB7	8 bit B 基色数字信号输出（8 位）
65～72	DBA7～DBA0	8 bit B 基色数字流信号输出（8 位）
75～82	DGB7～DGB0	8 bit G 基色数字信号输出（8 位）
85～92	DGA7～DGA0	8 bit G 基色数据信号输出（8 位）
95～102	DRB7～DRB0	8bit R 基色数据信号输出（8 位）
105～112	DRA7～DRA0	8 bit R 基色数据信号输出（8 位）
5、6、9、12、13、17、20、21、24、26、35、39、42、47、49、51、52、53、63、73、83、93、103、113、119、121、122、123	GND1GND28	模拟电路、数字电路及锁相环电路地（28 位）

5.3 微控制器电路的基本组成

1. 微控制器电路的基本组成

微控制器简称MCU，它内部集成有中央处理器（CPU），随机存储器（又称数据存储器，RAM），只读存储器（又称程序存储器，ROM），中断系统，定时器/计数器以及输入/输出（I/O）接口电路等主要微型机部件，从而组成一台小型的计算机系统。以微控制器为核心构成的电路称为微控制器电路。

在液晶电视机中，微控制器具有重要的作用，负责对整机的协调与控制。微控制器出现故障，将会造成整机瘫痪，不能工作或工作异常。

图5－28所示为液晶电视机中微处理器电路的基本组成框图。

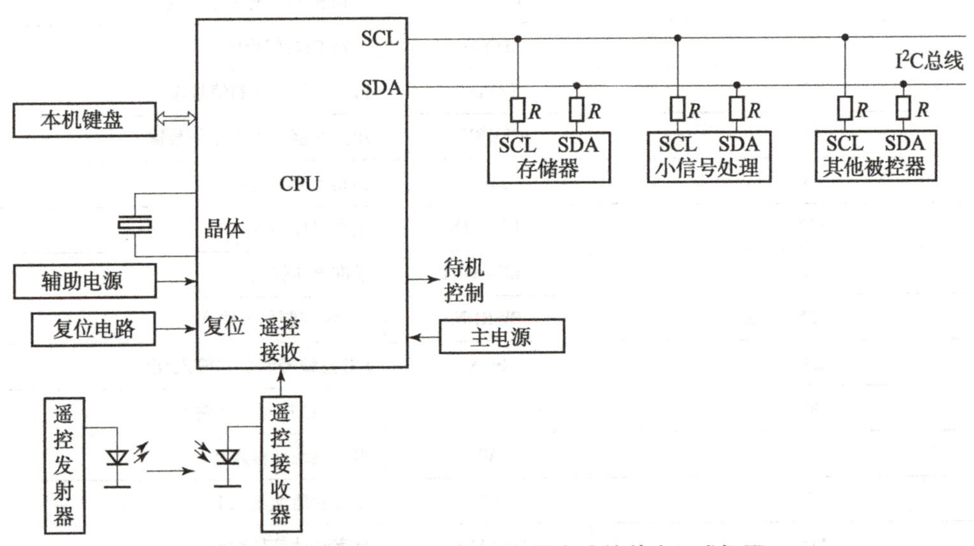

图5－28 液晶电视机中微处理器电路的基本组成框图

从图5－28中可以看出液晶电视机微控制器电路主要由微控制器及工作条件电路（电源、复位、振荡电路），按键输入电路，遥控电路，存储器（数据存储器、程序存储器），开关量（输出、高/低电平）控制电路，模拟量（输出PWM控制信号）控制电路，总线控制电路（对受控1C进行控制）等几部分组成。

2. 微控制器的工作条件

微控制器要正常工作，必须具备以下3个条件：供电、复位电路、振荡正常。

1）供电

液晶电视机微控制器的供电由电源电路提供，供电电压为3～5 V。该电压应为不受控电压，即液晶电视机进入节能状态时，供电电压不能丢失，否则，微控制器将不能被再次唤醒。

2）复位电路

复位电路的作用就是使微控制器在获得供电的瞬间，由初始状态开始工作。若微控制器内的随机存储器、计数器等电路获得供电后不经复位便开始工作，可能会因某种干扰导致微控制器因程序错乱而不能正常工作，为此，微控制器电路需要设置复位电路。复位电路由专门的电路（集成电路或分立元件）组成，有些微控制器采用高电平复位（即通电瞬间给微控制器的复位端加入一高电平信号，正常工作时再转为低电平），也有些微控制器采用低电平复位（即通电瞬间给微控制器复位端加入一低电平信号，正常工作时再转为高电平），这是由微控制器的结构决定的。

3）振荡电路

微控制器的一切工作都是在时钟脉冲作用下完成的，如存/取数据、模拟量存储等操作。只有在时钟脉冲的作用下，微控制器的工作才能井然有序，否则微控制器不能正常工作。

微控制器的振荡电路一般由外接的晶体、电容和微控制器内电路共同组成。晶体频率一般为 10 MHz 以上，晶体的两脚和微控制器的两个晶振脚相连，产生的时钟脉冲信号经微控制器内部分频器后分频，作为微控制器正常工作的时钟信号。

3. 微控制器基本电路

前已述及，微控制器主要由微控制器、存储器（ROM 和 RAM）、按键输入电路、遥控电路、开关量控制电路、模拟量控制电路、总线控制电路等几部分组成。下面结合实例，简要地对这些电路进行分析和介绍。

1）微控制器

很多液晶电视机采用以 51 单片机为内核的微控制器，它把可开发的资源（ROM、I/O 接口等）全部提供给液晶电视机生产厂家。厂家可根据应用的需要来设计接口和编制程序，因此适应性较强，应用较广泛。

图 5－29 所示为微控制器硬件组成方框图，由图可见，一个最基本的微控制器主要由下列几部分组成：

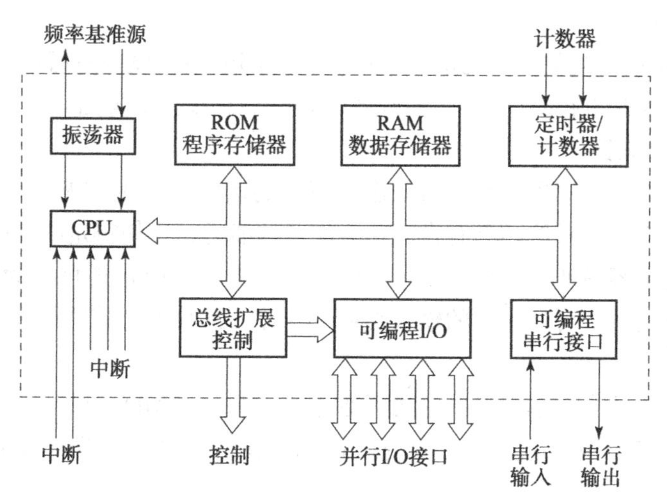

图 5－29　微控制器硬件组成方框图

（1）CPU（中央处理器）。

CPU 在微控制器中起核心作用。微控制器所有操作指令的接收和执行，各种控制功能、辅助功能都是在 CPU 的管理下进行的。同时，CPU 还担任各种运算工作。

（2）存储器。

微控制器内部的存储器包括两部分：

一是随机存储器 RAM，它用来存储程序运行时的中间数据。在微控制器工作过程中，这些数据可能被要求改写，所以 RAM 中存放的内容是随时可以改变的。需要说明的是，液晶电视机关机断电后，RAM 存储的数据会消失。

二是只读存储器 ROM，它用来存储程序和固定数据。所谓程序就是根据所要解决问题的要求，应用指令系统中包含的指令编成的一组有次序的指令集合。所谓数据就是微控制器工作过程中的信息、变量、参数、表格等，当电视机开关断电后，ROM 存储的程序和数据不会消失。

（3）输入/输出（I/O）接口。

输入/输出接口电路是指 CPU 与外部电路、设备之间的连接通道及有关的控制电路。由于外部电路、设备的电平大小、数据格式、运行速度、工作方式等均不统一，一般情况下，它们是不能与 CPU 相兼容的（即不能直接与 CPU 连接），这些外部的电路和设备只有通过输入/输出接口的桥梁作用，才能与 CPU 进行信息传输、交流。

输入/输出接口种类繁多，不同的外部电路和设备需要相应的输入/输出接口电路，可利用编制程序的方法确定接口具体的工作方式、功能和工作状态。

输入/输出接口可分成两大类：一是并行输入/输出接口，二是串行输入/输出接口。

①并行输入/输出接口。

并行输入/输出接口的每根引线可灵活地作为输入引线或输出引线，有些输入/输出引线适合于直接与其他电路相连，有些接口能够提供足够大的驱动电流，与外部电路和设备接口连接后，使用起来非常方便，有些微控制器允许输入/输出接口作为系统总线来使用，以外扩存储器和输入/输出接口芯片。在液晶电视机中，开关量控制电路和模拟量控制电路是并行输入/输出接口。

②串行输入/输出接口。

串行输入/输出接口是最简单的电气接口，和外部电路、设备进行串行通信时只需使用较少的信号线。在液晶电视机中，I^2C 总线接口是串行总线接口电路。

（4）定时器/计数器。

在微控制器的许多作用中，往往需要进行精确的定时来产生方波信号，这由定时器/计数器电路来完成，有的定时器还具有自动重新加载的能力，这使得定时器的使用更加灵活方便，利用这种功能很容易产生一个可编程的时钟。此外，定时器还可作为一个事件计数器，当工作在计数器方式时，可从指定的输入端输入脉冲，计数器对其进行计数运算。

（5）系统总线。

微处理器的上述几个基本部件电路之间通过地址总线（AB）、数据总线（DB）、控制总线（CB）连接在一起，再通过输入/输出接口与微处理器外部的电路连接起来。

2）存储器

前已述及，在微控制器内部设有 RAM、ROM，除此之外，在微控制器的外部，还设有 EEPRROM 数据存储器和 FLASH ROM 程序存储器。

（1）EEPROM 数据存储器。

EEPROM 是电可擦写只读存储器的简称，几乎所有的液晶电视机在微控制器的外部都设有一片 EEPROM，用来存储电视机工作时所需的数据（用户数据、质量控制数据等）。这些数据断电时不会消失，可以通过进入工厂模式或用编程器进行更改。

在遇到电视机软件故障时，经常会提到“擦除”“编程”“烧写”等概念，一般针对的都是EEPROM中的数据，而不是程序。“擦除”“编程”“烧写”的是MCU外部EEPRROM数据存储器中数据。另外，在维修液晶电视机时，经常要进入液晶电视机工厂模式（维修模式）对有关数据进行调整，所调整的数据就是EEPROM中的数据。

（2）FLASH ROM程序存储器。

FLASH ROM也称闪存，是一种比EEPROM性能更好的电可擦写只读存储器。目前部分液晶电视机在微控制器的外部除设有一片EEPROM外，还设有一片FLASH ROM。对于此类构成方案，数据（用户数据、质量控制数据等）存储在微控制器外部的EEPROM中，辅助程序和屏显图案等微控制器外部的FLASH ROM，主程序存储在微控制器内部的ROM中。

3）按键输入电路

当用户对液晶电视机的参数进行调整时，是通过按键来进行操作的，按键实质上是一些小的电子开关，具有体积小、质量轻、经久耐用、使用方便、可靠性高的优点。按键的作用就是电路通与断，当按下开关时，按键电子开关接通，手松开后，按键电子开关断开。微控制器可识别出不同的按键信号，然后去控制相关电路进行动作。

4）遥控输入电路

红外接收放大器是置于电视机前面板上一个金属屏蔽罩中的独立组件，其内部设置了红外光敏二极管、高频放大器、脉冲峰值检波和整形电路。红外光敏二极管能接收940 nm的红外遥控信号，并经放大、带通滤波，取出脉冲编码调制信号（其载频为38 kHz），再经脉冲峰值检波、低通滤波、脉冲整形处理后，形成脉冲编码指令信号，加到微控制器的遥控和输入脚，经微控制器内部解码后，从微控制器相关引脚输出控制信号，完成遥控器对电视机各种功能的遥控操作。

5）开关量和模拟量控制电路

（1）开关量控制电路。

所谓微处理器的开关量，就是输入到微处理器或从微处理器输出的高电平或低电平信号。微控制器的开关量控制信号主要有指示灯控制信号、待机控制信号、视频切换控制信号、音频切换控制信号、背光灯开关控制信号、制式切换控制信号等。

（2）模拟量控制电路。

微控制器模拟量控制信号是指微控制器输出的是PWM脉冲信号，经外围RC等滤波电路滤波后，可转换为大小不同的直流电压，该直流电压再加到负载电路上，对负载进行控制。

微控制器输出的模拟量控制信号主要有背光灯亮度控制信号、音量控制信号等。由于微控制器一般设有I^2C总线控制脚，很多控制信息均由微控制器通过总线进行控制，因此，可大大减少模拟量控制信号的数量，使控制电路大为简化。

6）I^2C总线控制电路

I^2C总线是由飞利浦公司开发的一种总线系统。I^2C总线系统问世后，迅速在家用电器等产品中得到了广泛的应用。微控制器电路上的I^2C总线由2根线组成，包括一根串行时钟线（SCL）和一根串行数据线（SDA）。微控制器利用串行时钟线发出时钟信号，利用串行数据线发送或接收数据。

微控制器电路是 I^2C 总线系统的核心，I^2C 总线由微控制器电路引出。液晶电视机中很多需要由微控制器控制的集成电路（如高频头、去隔行处理电路、SCALER 电路、音频处理电路等）都可以挂接在 I^2C 总线上，微控制器通过 I^2C 总线对这些电路进行控制。

为了通过 I^2C 总线与微控制器进行通信，在 I^2C 总线上挂接的每一个被控制集成电路中，都必须设有一个 I^2C 总线接口电路。在该接口电路中设有解码器，以便接收由微控制器发出的控制指令和数据。

微控制器可以通过 I^2C 总线向被控集成电路发送数据，被控集成电路也可通过 I^2C 总线向微控制器传送数据，被控集成电路是接收还是发送数据则由微控制器控制。

5.4 液晶电视机去隔行处理、SCALER 电路及伴音电路

1. 去隔行处理和图像缩放电路概述

1）去隔行处理电路

广播电视中心设备中，为了在有限的频率范围内传输更多的电视节目，通常都采用隔行扫描方式，即把一帧图像分解为奇数场和偶数场信号发送，到了显示端再把奇数场信号与偶数场信号均匀镶嵌，利用人眼的视觉特性和荧光粉的余辉特性，就可以构成一幅清晰、稳定、色彩鲜艳的图像。

隔行扫描方式虽然降低了视频带宽，但提高了频率资源利用率，对数字电视系统来说，也降低了视频信号的码率，便于实现视频码流的高效压缩。随着科学技术水平的提高，人们对视听产品的要求越来越高，电视系统由于隔行取样造成的缺陷越来越明显，主要表现是：行间闪烁，低场频造成的高亮度图像的大面积闪烁，高速运动图像造成的场差效应等，这些缺陷在大屏幕彩色电视机中尤为明显。

对于固定分辨率、数字寻址的 LCD 显示器件，大都支持逐点、逐行寻址方式。因此，在液晶电视机中，都是先把接收到的隔行扫描电视信号或视频信号，通过去隔行处理电路变为逐行寻址的视频信号，然后送到液晶显示屏上进行显示。

在液晶电视机中，隔行/逐行变换的过程非常复杂，它需要通过较复杂的运算，再通过去隔行处理电路与动态帧存储器配合，在控制命令的指挥下才能完成。

下面，以 50 Hz 隔行变换为 50 Hz 逐行扫描为例，说明去隔行处理电路的大致工作过程：去隔行处理电路工作时，先将隔行扫描的奇数场 A 的信号以 50 Hz 频率（20 ms 周期）存入帧存储器中，再将偶数场 B 的信号也以 50 Hz 频率（20 ms 周期）存入同一个帧存储器中，其存入方法是将奇数行与偶数行相互交错地间置存储，这样把两场信号在帧存储器中相加，形成一幅完整的一帧画面 A + B。在读出时，按原来的场频（50 Hz）从帧存储器中逐行读出图像信号 A + B，20 ms 内将 A + B 读出两次，这样循环往复，将形成的 1、2、3、4、……行顺序的 625 行的逐行扫描信号输出。这样实际上场频并未改变，仅在一场中将行数翻倍。

上面介绍的这种变换方法也称为场顺序读出法，它采用帧存储器，将两场隔行扫描信号合成一帧逐行扫描信号输出，由于行数提高一倍，所以消除了行间闪烁现象；但由于场频仍然为 50 Hz，大面积闪烁依然存在。

50 Hz 隔行变换为 60 Hz/75 Hz 逐行扫描的原理大致如下：采用帧存储器，将两个隔行

扫描的原始场，以奇数行和偶数行相互交错地间置存储方式存入一个帧存储器中，形成一帧完整的图像，读出时，以原来的场频或 1.2 倍（60 Hz）或 1.5 倍（75 Hz）场频的速度，按照存入时第一帧、第二帧……的顺序，逐行从帧存储器中读出一帧信号。由于行数增加，行结构更加细腻，行闪烁现象不明显；同时由于场频提高了，大面积闪烁现象得到有效消除。60 Hz/75 Hz 逐行扫描虽然成本较高，但由于它们解决大面积闪烁现象和提高图像清晰度的效果更好，所以，实际应用较多。

此外，有些去隔行处理电路可以将 50 Hz 的隔行扫描信号变换为 100 Hz 或 120 Hz 的逐行扫描信号，由于原理类似，故不在此多述。

2）图像缩放处理电路

液晶电视机接收的信号非常多，既有传统的模拟视频信号（现在收看的标准清晰度 PAL 电视信号的分辨率为 720 × 576），也有高清格式视频信号（我国高清晰度电视信号的图像分辨率为 1 920 × 1 280），还有 VGA 接口输入的不同分辨率信号，而液晶显示屏的分辨率却是固定的，因此，液晶电视机接收不同格式的信号时，需要将不同图像格式的信号转换为液晶显示屏固有分辨率的图像信号，这项工作由图像缩放处理电路（SCALER 电路）完成。

图像缩放的过程非常复杂，简单来说，大致过程是这样的：首先根据输入模式检测电路得到的输入信号，计算出水平和垂直两个方向的像素校正比例；然后，对输入的信号采取插入或抽取技术，在帧存储器的配合下，用可编程算法计算出插入或抽取的像素，再插入新像素或抽取原图像中的像素，使之达到需要的像素。

例如，我们来看 1 080p 格式如何变成 720p 格式。1 080p 表明一行的总像素有 1 920 个，垂直方向有 1 080 行，是逐行方式的；720p 表示每行有 1 280 个像素点，一帧内扫描线有 720 条，逐行扫描。有时需要将 1 080p 格式转换成 720p 格式显示：将每帧内 1 080 行中的每 3 行抽取一行，这样将有 360 行抽掉，余下便是 720 行；同时，每行的像素点依次采取每 3 个像素点抽掉一个，这样便实现了 1 920 个像素点转变为 1 280 个像素点。

2. 常见去隔行、SCALER 芯片

液晶电视机中的去隔行处理与图像缩放 SCALER 电路的配置方案一般有两大类，一种是去隔行处理与图像缩放 SCALER 电路分别使用单独的集成电路，如图 5 – 30 所示；第二种电路配置方案是将去隔行处理、SCALER 电路集成在一起，如图 5 – 31 所示，也就是说，它们是作为一个整体而存在的，一般将此类芯片称为“视频控制芯片”。随着集成电路的发展，视频控制芯片开始将 A/D 转换器、TMDS 接收器（接收 DVI 接口信号）、OSD（屏显电路）、MCU、LVDS 发送器等集成在一起，为便于区分，这样的芯片我们称其为“主控芯片”。现在，已有一些主控芯片开始集成有数字视频解码电路，此类芯片一般称其为“全功能超级芯片”，由全功能超级芯片构成的液晶电视机是最为简单的一种。

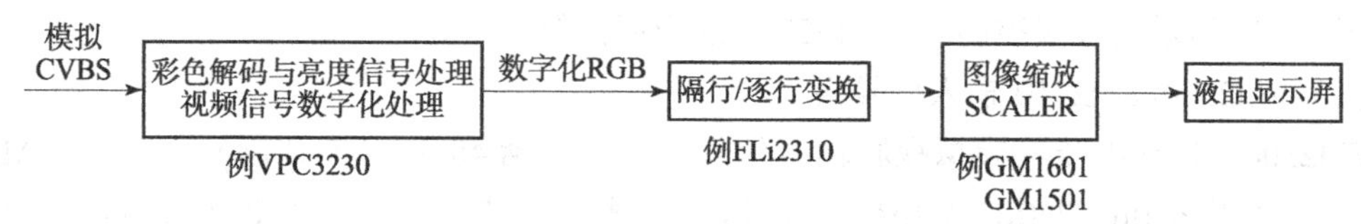

图 5 – 30　去隔行处理与图像缩放 SCALER 电路的集成电路

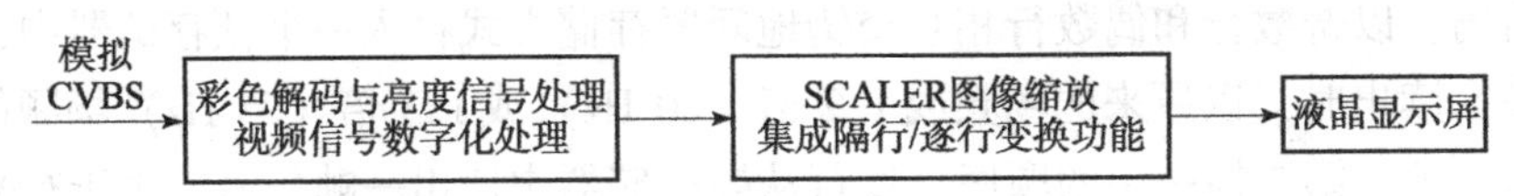

图 3-31　去隔行处理、SCALER 电路集成为一块视频控制芯片

下面简要介绍在液晶电视机中比较常用的几种去隔行、SCALER 芯片。

1）视频控制芯片 PW1232

PW1232 是 Pixelworks（像素科技）公司生产的扫描格式变换电路，可接收标准隔行 ITU-R BT601 或 ITU-R BT656 数据格式（4:2:2）YUV 视频信号，完成处理后以24 bit并行传输的 4:4:4 数字逐行信号输出。

PW1232 内含运动检测和降噪电路、电影模式检测电路、视频标度器、去隔行处理电路、视频增强电路、彩色空间变换器、显示定时、行场同步定时等电路。其中，PW1332 内部的去隔行处理电路用以将隔行扫描的视频信号转换为逐行扫描的视频信号，内部的可编程视频增强器用以提高图像的鲜明度，并可完成对亮度、对比度、色调、色饱和度的控制。图 5-32 所示为 PW1232 内部电路框图。

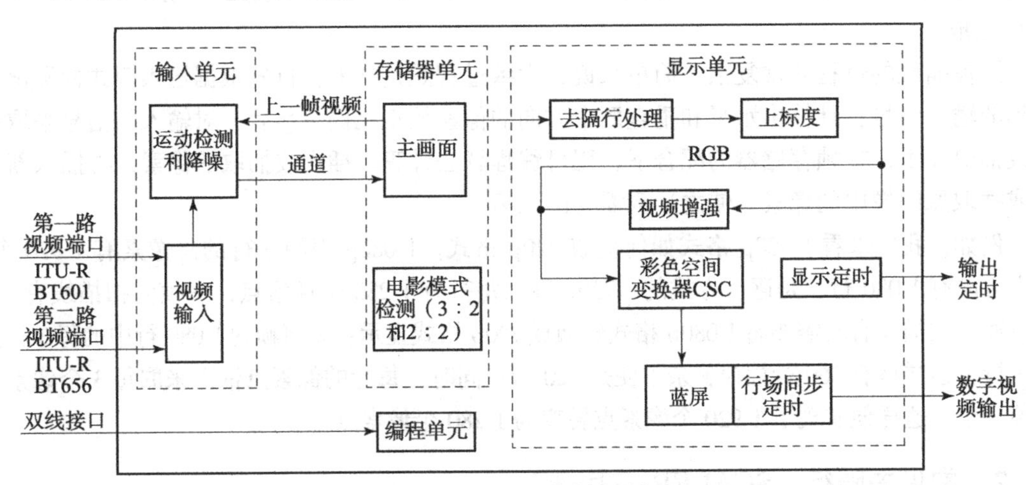

图 5-32　PW1232 内部电路框图

与 PW1232 功能类似的还有 PW1226、PW1230、PW1231、PW1235 等，其中，PW1226、PW1230、PW1235 内含 D/A 转换器，除可输出数字视频信号外，还可以输出模拟视频信号。

2）视频控制芯片 FLI2300/LI2310

FLI2300/FLI2310 是 Genesis（捷尼）公司生产的，用于数字电视机（DTV）和 DVD 激光视盘机中的数字视频信号格式变换电路，内含输入信号处理、去隔行处理、图像缩放、图像增强等电路，相对而言，FLI2300/FLI2310 内部的去隔行处理功能较好，而图像缩放功能较弱，因此，有很多液晶电视机只采用其去隔行处理功能，而图像缩放则采用另外的芯片完成。图 5-33 所示为视频控制芯片 FLI2300 的应用框图。

（1）FLI2300/FLI2310 输入信号格式。

FLI2300/FLI2310 支持模拟视频输入信号，主要包括 480i（NTSC 制）、576i（PAL/SECAM 制）以及 480p、720p、1 080i 输入信号格式，支持从 VGA（640×480p）到 WXGA

（1 366×768p）的计算机信号输入格式。

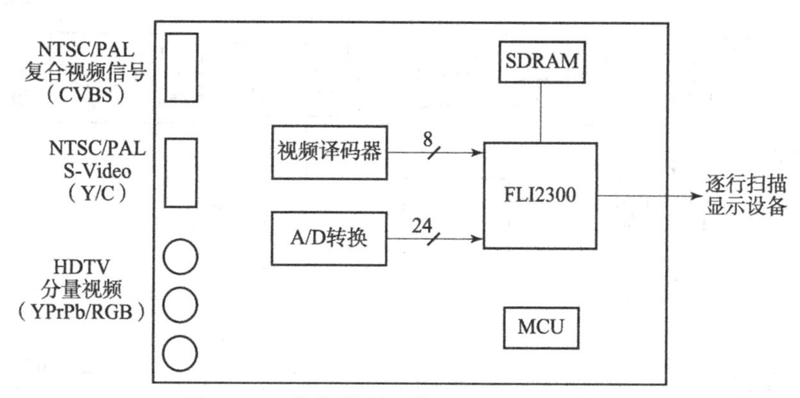

图5-33 视频控制芯片FLI2300应用框图

FLI2300/FLI2310也支持8 bit的YCrCb（ITU-RBT656国际标准）、16 bit的YCrCb（ITU-RBT601）、8 bit的YPrPb以及24 bit的RGB、YCrCb、YPrPb等数字信号输入格式。

（2）FLI2300/FLI2310输出信号格式。

FLI2300/FLI2310输出端可以支持的信号格式如下：

①输出格式的分辨率包括480p、576i、576p、720p、1 080i、1 080p以及由XGA到SX-GA的计算机输出格式。

②支持隔行和逐行信号输出格式。

③FLI2300输出信号可以是模拟的YUV/RGB分量信号（通过集成的10 bit D/A转换器进行转换），也可以是数字的24 bit RGB、YCrCb、YPrPb（4:4:4取样格式），或者是数字的16/20 bitYCrCb（4:2:2取样格式）分量信号。

④FLI2310可适用于24 bit的RGB、YCrCb、YPrPb（4:4:4取样格式）数字信号输出，也适用于16/20 bit的YCrCb（4:2:2）的数字信号输出。

（3）FLI2300/FLI2310内部电路。

FLI2300内部电路框图如图5-34（a）所示，FLI2310内部电路框图如图5-34（b）所示。

FLI2300/FLI2310的内部电路主要包括两部分，一是去隔行处理，二是图像缩放，下面简要进行介绍。

①去隔行处理。

FLI2300/FLI2310采用了以像素为基本单元的运动自适应去隔行技术，比传统的以行或场信号为基本单元的重复使用更加先进，能有效消除由隔行取样造成的场差效应。去隔行处理电路能将60 Hz隔行的NTSC制视频信号或50 Hz隔行的PAL/SECAM制视频信号变为先进的60 Hz逐行的NTSC制视频信号或50 Hz逐行的PAL/SECAM制视频信号。

另外，在FLI2300/FLI2310芯片中，还采用了DCDi（方向相关性逐行扫描变换技术）变换技术。DCDi是Faroudja公司开发的一项专利技术，曾经得过不少奖项，是一项很有名的技术。它是通过在单一颗粒状的像素上分析视频信号，在一定角度的线或边缘上检查这些单一颗粒状的像素存在或不存在，然后对这些单一颗粒状的像素进行插补处理，生成一个平滑而自然，看不出“赝像”或场差效应的图像，因此，采用DCDi变换技术，可以大大提高画面的图像质量。

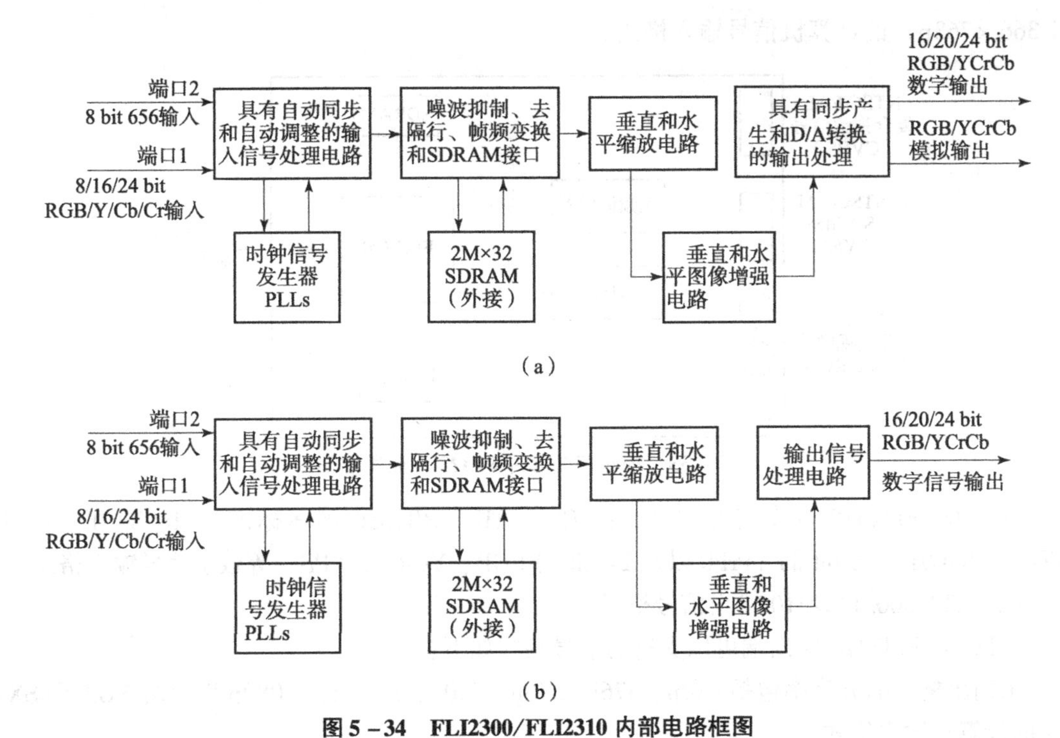

图 5－34　FLI2300/FLI2310 内部电路框图

（a）FLI2300 内部电路框图；（b）FLI2310 内部电路框图

在去隔行处理电路中，还可完成帧频变换，即由 50/60 Hz 的输入帧频变到 75 Hz、100 Hz或 120 Hz，帧频变换可以用来消除一般 50 Hz 垂直刷新频率引起的大面积图像闪烁。

②图像缩放。

FLI2300/FLI2310 具有高质量的完全可编程的水平、垂直方向二维的扫描格式变换电路，水平方向的像素数与垂直方向的扫描线数的变换互相独立，图像缩放变换十分方便。

FLI2300/FLI2310 可以在 16∶9 幅型比的显示屏上无失真地显示 4∶3 幅型比的图像，也可以在 4∶3 幅型比的显示屏上无失真地显示 16∶9 幅型比的图像。

3）主控芯片 PW113 介绍

PW113 是 Pixelworks 公司生产的视频处理主控芯片，内含去隔行处理电路、高质量图像缩放电路、OSD 控制电路、SDRAM 和强大的 80186 微处理器。它支持行和场图像智能缩放、图像自动最优化，因而使得屏幕上的图像显示精细完美。PW113 不需要外接帧缓存器，从而降低了输出时钟频率，扩展了显示系统的兼容性。图 5－35 所示为 PW113 内部电路框图，其引脚功能如表 5－6 所示。

PW113 内部电路主要功能介绍如下：

（1）输入/输出接口（I/O 接口）。

PW113 支持从 VGA 到 UXGA 分辨率（1 600×1 200）的计算机图像输入信号，输出的最高像素分辨率为 SXGA（1 280×1 024）。

PW113 图形处理器支持以下格式的视频信号：宽高比 4∶3 或 16∶9 的 P/N 制视频信号、DVD、HDTV 等。视频输入模式可以是 YUV 4∶4∶4（24 bit）或 YUV 4∶2∶2（16 bit）。另外，它还有一个完整的 ITU－R656 接口，允许 YUV 4∶2∶2 视频信号输入。

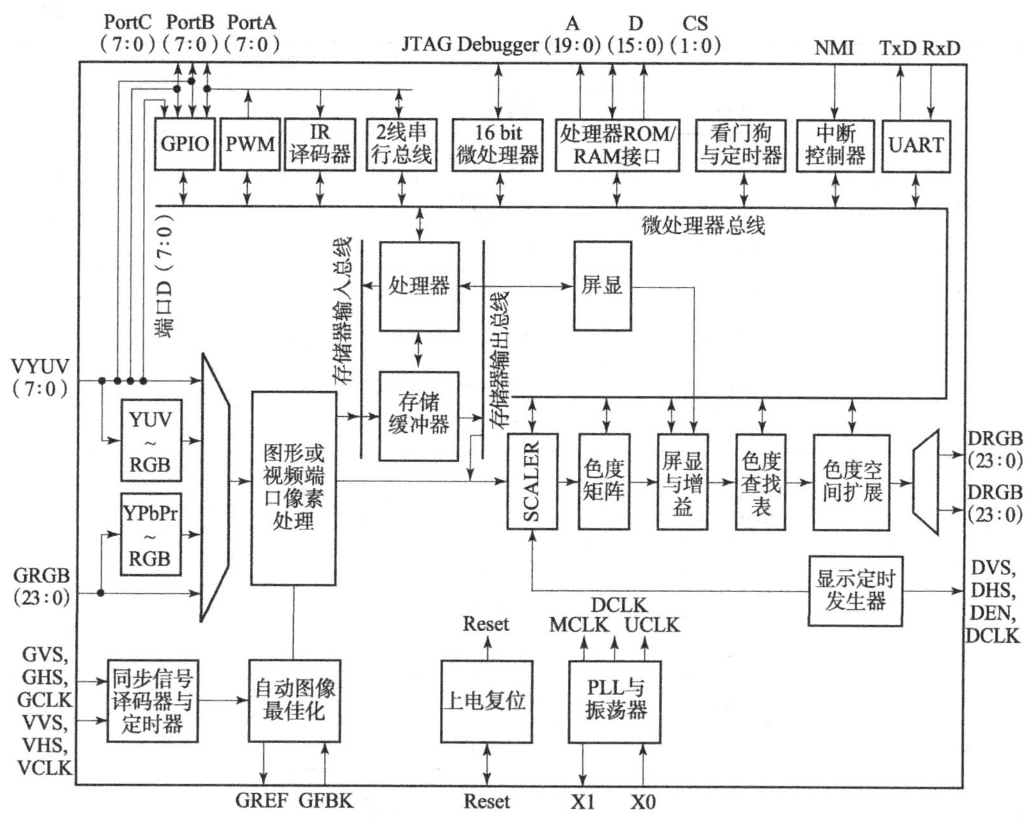

图5-35　PW113内部电路框图

表5-6　PW113引脚功能

管脚	符号	管脚功能
1	VSS3	数字地
2~9	GBE0~GBE7	数字图像蓝基色像素数据输入
10~15	GGE0~GGE7	数字图像绿基色像素数据输入
16	VDD1	1.8 V 数字电源（未用）
17	VSS1	数字地
18~19	GGE0~GGE7	数字图像绿基色像素数据输入
2027	GRE0~GRE7	数字图像红基色像素数据输入
28	EXTRST	未用
29	VDD3	3.3 V 数字电源
30	VSS3	数字地
31	GCLK	图像像素时钟输入
32	GVS	图像场同步信号输入
33	GHSSOG	图像行同步信号输入
34	GPEN	图像使能信号输入
35	GFBK	ADC的PLL反馈信号输入
36	GCOAST	未用
37	VDD1	1.8 V 数字电源

续表

管脚	符号	管脚功能
38	VSS	数字地
39	PORTC0	液晶显示屏电源控制
40	PORTC1	背光灯控制
41	PORTC0	未用
42	PORTC3	DVI 数字接口选择控制
43	PORTC4	LVDS（低压差分输出）使能控制
44	PORTC5	图像、伴音中频选择
45	PORTC6	未用
46	PORTC7	未用
47 ~ 56	VYUV0 ~ VYUV7	ITU – R656 格式的数字 YUV 信号输入
57 ~ 64	PORTB0 ~ PORTB7	本机控制键
65	VDD1	1.8 V 数字电源
66	VSS1	数字地
67	RXD	串行数据接收
68	TXD	串行数据发送
69	VFIELD	隔行扫描奇偶场信息指示输入
70	YPEN	视频使能信号输入
71	VCLK	视频像素时钟输入
72	VDD3	数字电源
73	VSS3	数字地
74	VVS	视频场同步信号输入
75	VHS	视频行同步信号输入
76 ~ 83	DB0 ~ DB7	数字蓝基色像素数据输出（偶像素点）
84	VDD1	1.8 V 数字电源
85	VSS1	数字地
86	VDD3	数字电源
87	VSS3	数字地
88 ~ 95	DG0 ~ DG7	数字绿基色像素数据输出（偶像素点）
96 ~ 103	DR0 ~ DR7	数字红基色像素数据输出（偶像素点）
104	VDD3	数字电源
105	VSS3	数字地
106	DCLK	像素显示时钟输出
107	DCLKN	数据时钟
108	DVS	像素显示场同步信号输出

续表

管脚	符号	管脚功能
109	DHS	像素显示行同步信号输出
110	DEN	像素显示使能信号输出
111～118	DBO0～DBO7	数字蓝基色像素数据输出（奇像素点）
119～128	DGO0～DGO7	数字绿蓝基色像素数据输出（奇像素点）
128～136	DRO0～DRO7	数字红基色像素数据输出（奇像素点）
137	VDD3	数字电源
138	VSS3	数字地
139	RESET	复位
140	VDD3	数字电源
141	VSS3	数字地
142	TEST	测试模式使能
143	TDO	未用
144	TDI	未用
145	TMS	未用
146	TCK	未用
147	TRST	未用
148～163	D0～D15	微处理器与 ROM 接口的数据总线
164	A19	微处理器与 ROM 接口的地址总线
165	VDDPA2	1.8 V 时钟发生器电源
166	VSSPA2	时钟发生器模拟地
167	VDDPA1	1.8 V 时钟发生器电源
168	VSSPA1	时钟发生器模拟地
169	XI	晶体振荡输入
170	XO	晶体振荡输出
171	VDD3	数字电源
172	VSS3	数字地
173～184	A18～A8	微处理器与 ROM 接口的地址总线
185	VDD1	1.8 V 数字电源
186	VSS1	数字地
187～192	A7～A1	微处理器与 ROM 接口的地址总线
193	NMI	不可屏蔽中断
194	WR	外部 RAM 写使能
195	RD	外部 RAM 读使能
196	ROMOE	外部 ROM 读使能
197	ROMWE	外部 ROM 写使能
198	CS0	片选信号
199	CS1	片选信号

续表

管脚	符号	管脚功能
203	PORTA4	红外接收信号输入
204	PORTA3	STANDBY 控制信号
206	PORTA1	SCL
207	PORTA0	SDA
208	VDD3	数字电源

(2) 同步解码器和定时器。

这个同步信号处理器对输入信号的处理是非常灵活的，它支持几乎所有的同步类型，包括数据使能模式、分离的同步信号、复合的同步信号以及绿基色同步信号。

(3) 自动图形最优化。

PW113 能捕获图像的全部参数并能进行自动设置，这些参数包括时钟频率的采样、图像位置和大小、图像信号的增益。在图像自动最优化期间，图像可以被消隐也可以被显示。另外，PW113 也能精确调整输入信号的分辨率。

(4) 存储缓冲器。

这个内置存储器通常用来存储图像、屏显数据或微处理器 RAM 数据。

(5) 屏显控制。

屏显控制功能可以用来启动屏幕、菜单显示，它支持透明的任意窗口大小的菜单，并且菜单具有淡入淡出功能，屏幕菜单的大小可以达到 480×248。

(6) 图像缩放。

PW113 提供高质量的图像缩放功能，垂直和水平缩放比例可独立编程，它的缩放比例范围为 1/64~1/32，图形缩放可以是逐线进行，也可以是逐点进行，同时它也提供高质量的非线性比例的缩放，比如屏宽比的转换。

(7) 色度矩阵。

一个内建的色度矩阵可以提供色度空间转换，它能完成 RGB 三基色的线性变换，能对色调、色饱和度、色温和白平衡进行调整控制。

(8) 色度查找表。

这个色度查找表有效大小为 256×10，它有 3 个独立的表，每一个基色对应各自的表。

10 bit 精确的数据允许对显示设备使用更多位的颜色来补偿灰度或进行 Y 校正，通过 dither 算法可以使 10 bit 数据压缩到 8 bit 或者更低的数据。16 bit YUV 数据从外部引脚输入，在芯片内可达到 30 bit 的像素精度。

(9) 色度空间扩展。

色度空间扩展保证在显示设备不支持 24 bit 数据输入的情况下，能够完全捕获16.7 MHz 的色深，它支持可编程的空间域和时间域的 dither 算法。

(10) 微处理器。

PW113 内置一个微处理器，它能提供参考源代码，允许制造商开发功能丰富的产品，可编程的范围包括用户界面、开机屏显、图形自动检测和特定的显示特效，能在很短的时间内应用到市场。

PW113 的扩展端口包括中断口、通用的 I/O 接口、异步通信口、红外解码器、PWM 输出和定时器等，另外，微处理器还设有 RAM/ROM 接口电路。

4）全功能超级芯片 FLI8532

FLI8532 是专门为 LCD TV 和数字 CRT TV 设计的“全功能超级芯片”，内含三维视频信号解码器、DCDi 去隔行处理电路、图像格式变换电路、DDR 存储器接口电路、视频信号增强电路、画中画处理电路、片内微控制器和 OSD 控制器等电路。另外，FLI8532 能够对各种格式的输入信号进行自动检测，适应全球化的 TV 产品设计。图 5－36 所示为 FLI8532 内部电路框图。

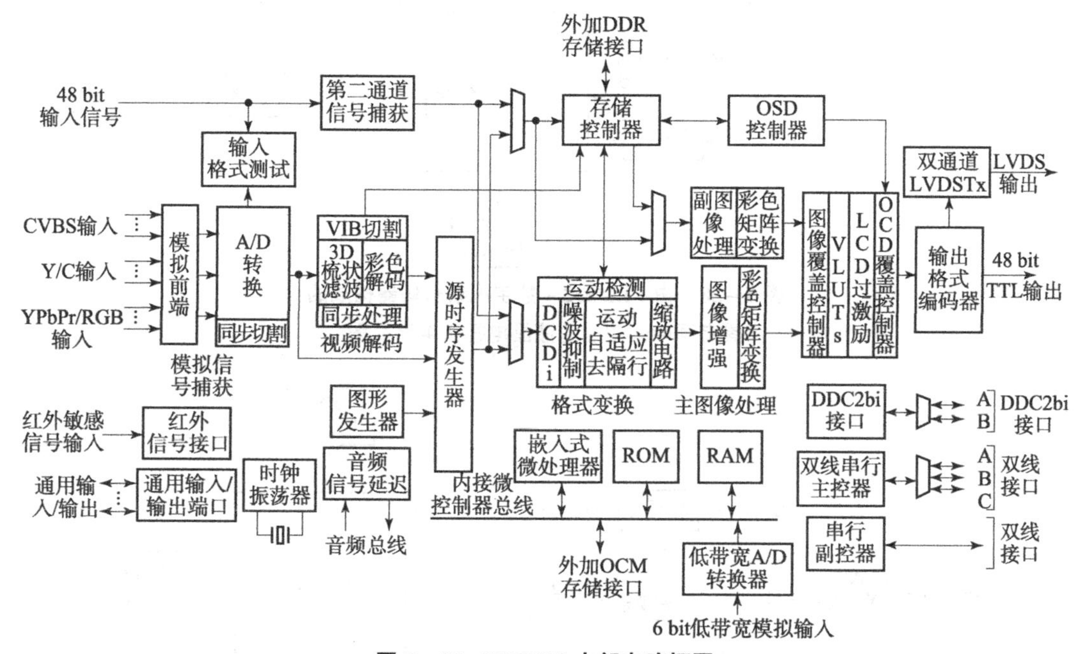

图 5－36　FLI8532 内部电路框图

由 FLI8532 构成的液晶电视机结构十分简洁，如图 5－37 所示。

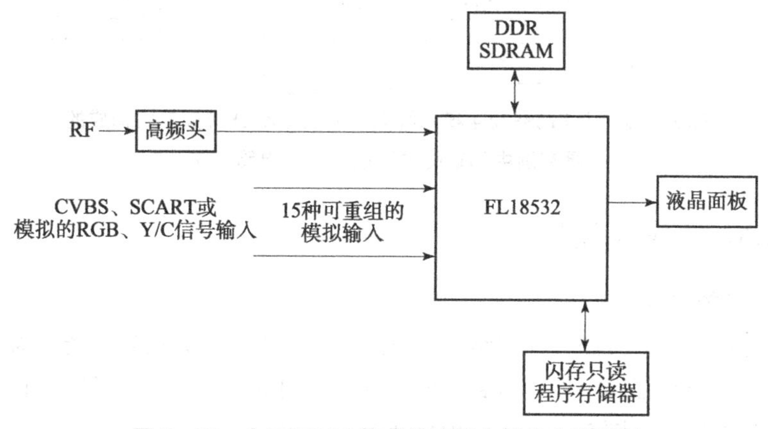

图 5－37　由 FLI8532 构成的液晶电视机电路简图

由于 FLI8532 内部有画中画处理电路，因此，在 FLI8532 外部只需再外接一片数字视频信号解码器（或一片模拟视频解码器和一片 A/D 转换器），即可构成一个具有射频画中画功能的液晶电视机，如图 5－38、图 5－39 所示。

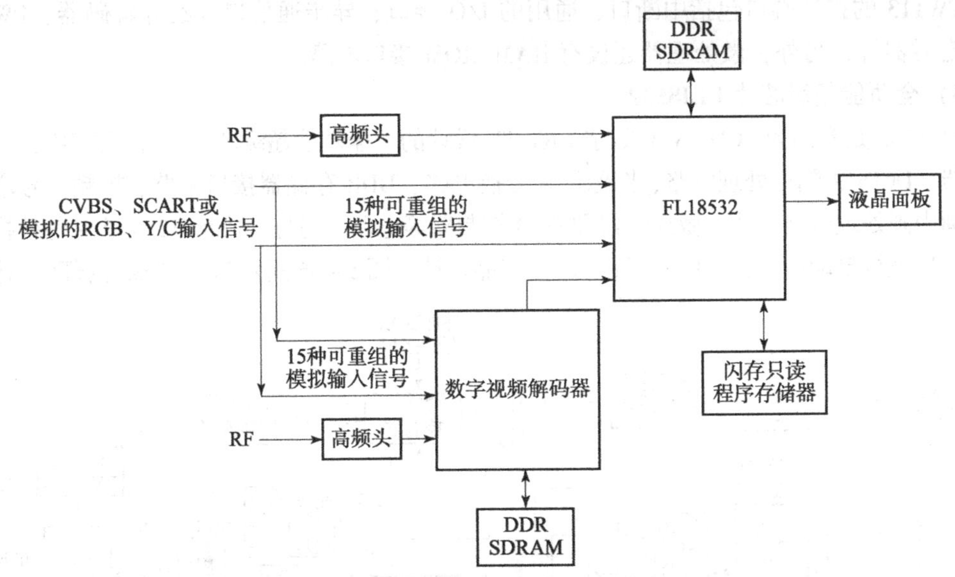

图5-38 由FLI8532+数字视频解码器构成的具有画中画功能的液晶电视机电路简图

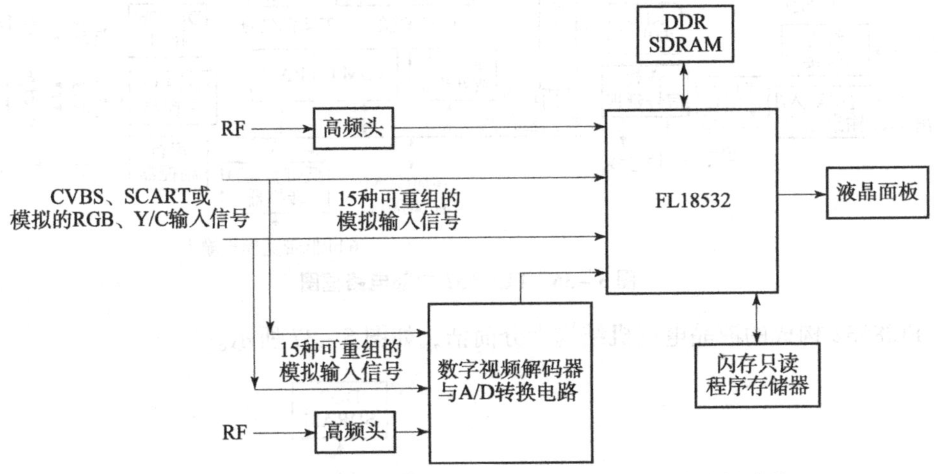

图5-39 由FLI8532+模拟视频解码器+A/D转换电路构成的具有画中画功能的液晶电视机电路简图

2. 液晶电视机伴音电路

1）伴音电路的组成

伴音电路是指伴音信号经过的通路。严格地说，从天线接收信号到扬声器发出声音的所有伴音信号经过的电路都属于伴音电路，而习惯上所说的伴音电路是指第二伴音中频以后伴音信号单独经过的通路。图5-40所示为伴音电路的组成框图。

从图5-40中可以看出，伴音电路主要由伴音解调电路、音频切换电路、音效处理电路、音频功放电路等几部分组成。伴音解调电路用于将第一伴音中频信号解调为第二伴音中频信号音频信号；音频切换电路用来对电视音频信号和外部音频信号（如AV音频、S端子音频、YPbPr

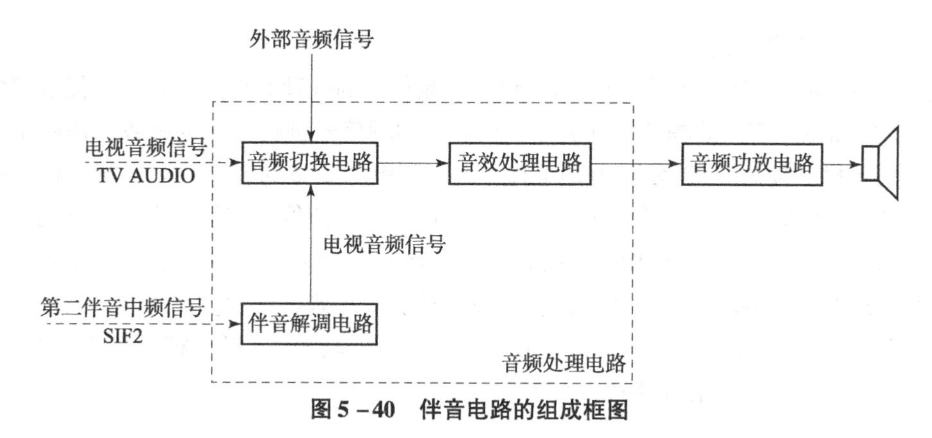

图5-40 伴音电路的组成框图

音频、VGA音频等）进行切换；音效处理电路用来对音频信号进行美化处理（如环绕立声、重低音处理等），使声音优美、动听；音频功放电路用来对音频信号进行功率放大，以推动扬声器工作。在图5-40中，用虚线框框起的部分称为音频处理电路，在实际电路中，这3部分（伴音解调、音频切换、音效处理）经常集成在一起或部分（如音频切换和音效处理）集成在一起；图5-40中的虚线箭头表示从前端电路过来的信号，可以是第二伴音中频信号SIF2，也可以是经过解调的电视音频信号TV AUDIO，具体是哪一种信号，视前端电路的功能而定。

2）电视伴音的传送方式

对于电视伴音，世界各国有不同的标准和制式，我国采用D/K制式。D/K制式第一伴音中频为31.5 MHz（其他制式为32 MHz、32.5 MHz、33.5 MHz），D/K制式第二伴音中频为6.5 MHz（其他制式为4.5 MHz、5.5 MHz、6.0 MHz）。

伴音信号在传输过程中需要进行调制，多数采用调频（FM）方式传送。被调制的伴音信号需要和被调制的图像信号共用一个通道传送，送到电视机内部后，先送入高频头，从高频头输出的中频信号（图像中频信号和第一伴音中频信号）再送到中频处理电路进行解调处理。

在电视机中，高频头输出的中频信号送往中频处理电路的方式有两种：一种是内载波传送方式，另一种是准分离方式，下面分别进行介绍。

（1）内载波传送方式。

从高频头输出的中频信号和图像中频信号经声表面波滤波器（SAW）滤波后，送到中频处理电路中，在中频处理电路中，伴音第一中频（31.5 MHz）和图像中频信号（38 MHz）混频，产生伴音第二中频（6.5 MHz）调频信号（SIF），再经放大和鉴频，还原出电视伴音，如图5-41所示。这种传送方式的优点是简化了解调电路，电路简单，伴音第二中频频率稳定；其缺点是图像、伴音之间的串扰很难彻底克服。

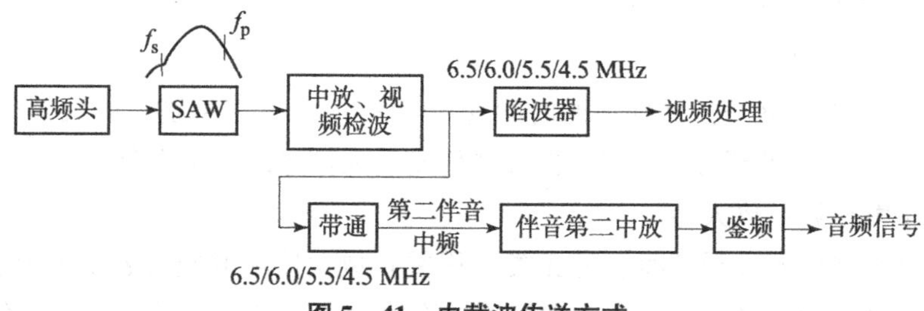

图5-41 内载波传送方式

(2) 准分离传送方式。

从高频头之后，图像中频信号和第一伴音中频信号的处理是分开进行的。提取图像中频信号 VIF，经图像声表面波滤波器滤波后，对伴音中频信号进行很深的吸收，消除了伴音信号对图像的干扰，包括 2.07 MHz 差拍干扰，有利于图像质量的提高。对于第一伴音中频信号通道，图像中频和第一伴音中频各有一个峰（f_p、f_s），使伴音信号不衰减，有利于提高伴音通道的信噪比。窄峰 f_p（38 MHz）锁相产生解调参考信号，为内载波发生器提供频率基准，该基准没有相位抖动，并避免了由内载波差拍引入的差拍干扰。在内载波发生器中，伴音第一中载频 f_s 与解调参考信号相乘（混频），产生频率搬移，形成第二伴音中载频信号，再经放大和鉴频，还原出电视伴音，如图 5－42 所示。

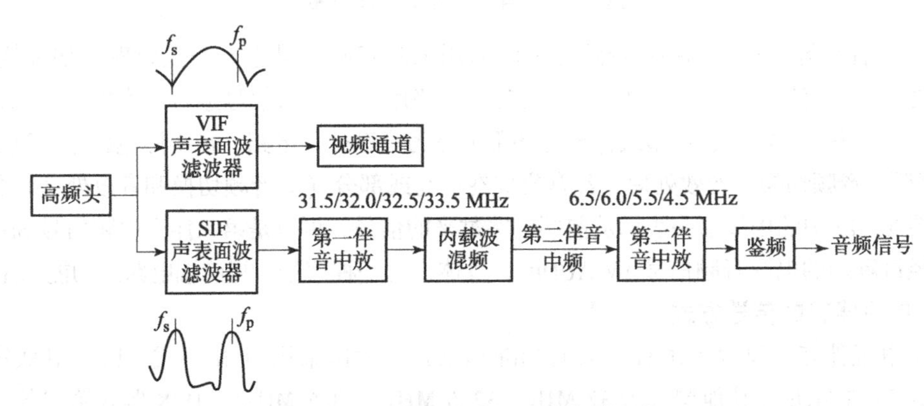

图 5－42　图像/伴音准分离传送方式

3）液晶电视机 D 类音频功率放大器

伴音功放模块的体积问题和音频放大器的散热问题是平板电视机音频系统设计中面临的两大挑战，而归根结底是平板电视机有限的厚度问题。平板电视机必须做到“轻”“薄”，而这正好与大体积音响模块提供高品质音响效果的常识相矛盾。我们不能寻求平板电视机体积的让步，只能通过合理的电路设计解决问题。使用高级的数字音频处理器和产生热量较低的 D 类音频功率放大器是有效的解决方案。

(1) 功率放大器的分类。

根据 IEC（国际电工委员会）有关文件的定义，音响放大器按工作状态分为 A 类、B 类、AB 类、D 类 4 种。

①A 类（甲类）放大器。

A 类（甲类）放大器是指电流连续地流过所有输出器件的一种放大器。这种放大器由于避免了器件开关所产生的非线性，只要偏置和动态范围控制得当，仅从失真的角度来看，可认为它是一种良好的线性放大器。

②B 类（乙类）放大器。

B 类（乙类）放大器是指器件导通时间为 50% 的一种工作类别。放大器的一路晶体管将会放大音频信号的正半部分，而另一路晶体管则放大信号的负半部分。

③AB 类（甲乙类）放大器。

AB 类（甲乙类）放大器实际上是 A 类（甲类）放大器和 B 类（乙类）放大器的结合，每个器件的导通时间在 50% ~100%，由偏置电流的大小和输出电平决定。该类放大器的偏置按B类（乙类）设计，然后增加偏置电流，使放大器进入AB类（甲乙类）。

④D类放大器。

D类放大器属高频功率放大器，它将音频信号调制成高频脉冲信号（脉冲宽度调制，PWM）进行放大，输出级放大管工作在开关状态，再通过低通滤波器（LPF）提取音频信号，推动扬声器还原声音，如图5－43所示。

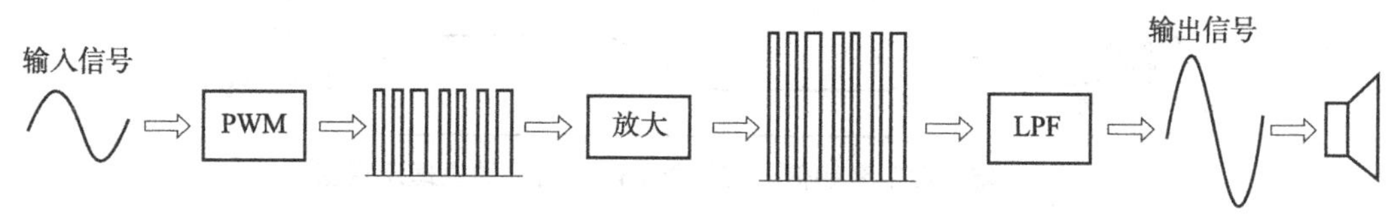

图5－43　D类功率放大器对音频信号的处理示意图

处在开关状态的输出级晶体管，在不导通时具有零电流，在导通时具有很低的管压降，因而只产生较小的功耗，效率高，而且使功放级及其供电电源散热减少，散热器体积减小，成本低，这些优点使D类放大器得到迅速广泛的应用，特别是在追求薄、轻结构的LCD电视机中，采用D类放大器成为必然的选择。

在效率、体积以及功率消耗等方面，D类放大器具有明显的优势。而在音质方面，经过业界的努力，D类放大器的音质已与AB类放大器没有区别。

（2）D类功率放大器的原理。

①D类功率放大器的调制原理。

如何使一个只能产生方波的开关器件再现音乐中多种多样的波形呢？最广泛使用的就是脉宽调制（PWM）技术，其中矩形波的占空比与音频信号的振幅成正比。通过与一个高频三角波或锯齿波比较，可以很容易地将模拟输入转换为PWM信号，PWM信号波形放大后通过低通滤波产生平滑的正弦波输出，如图5－44所示。

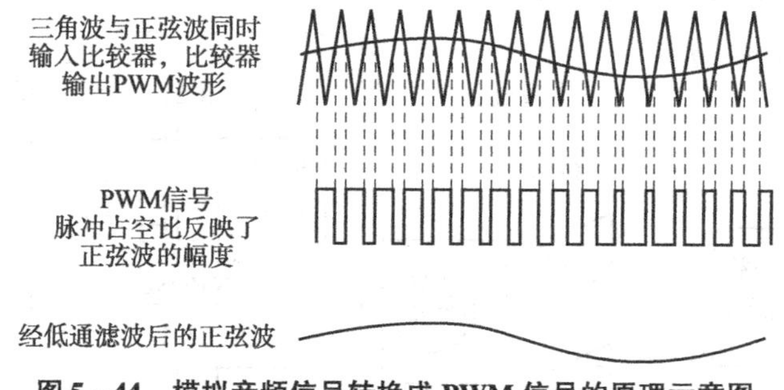

图5－44　模拟音频信号转换成PWM信号的原理示意图

另外，从CD和DVD光盘到数字广播和MP3，当今大多数的音频媒体格式都是数字的，在进行D类放大之前，不应将其转换为模拟信号，应在数字域将信号变换为PWM信号。图5－45所示为数字音频信号转换成PWM信号的原理示意图。

②D类功率放大器的输出级及滤波器输出级一般选择4个MOSFET开关管桥接电路。图5－46所示为H形桥接输出级，FET1～FET4工作在开关状态，FET1、FET4导通时FET3、FET2截止，FET3、FET2导通时FET1、FET4截止，产生的信号再经*LC*滤波器滤波，即可取出音频信号，可使接在桥路上的负载（扬声器）得到交变的电压、电流而发出声音。

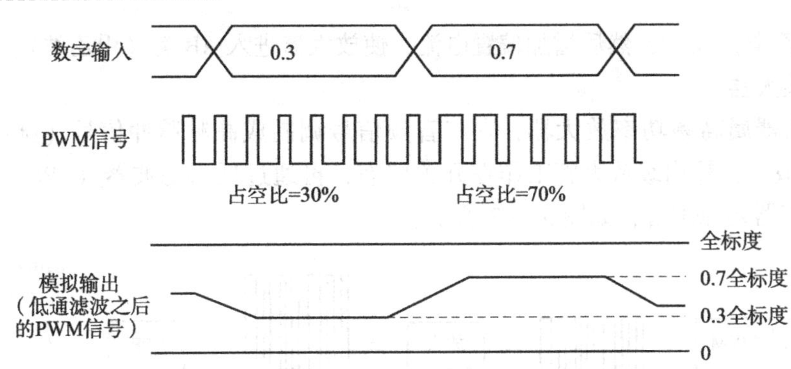

图 5-45 数字音频信号转换成 PWM 信号的原理示意图

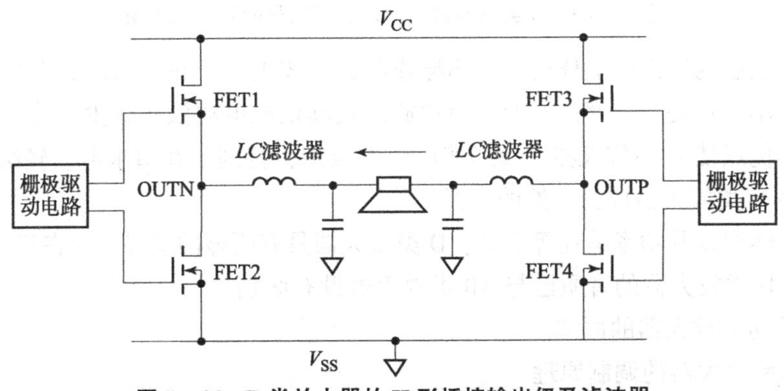

图 5-46 D 类放大器的 H 形桥接输出级及滤波器

（3）D 类功率放大器 TPA3004D2。

TPA3004D2 是德州仪器公司生产的针对模拟信号输入的 D 类功率放大器，其内部电路框图如图 5-47 所示（图中只绘出了右声道，左声道与右声道相同）。

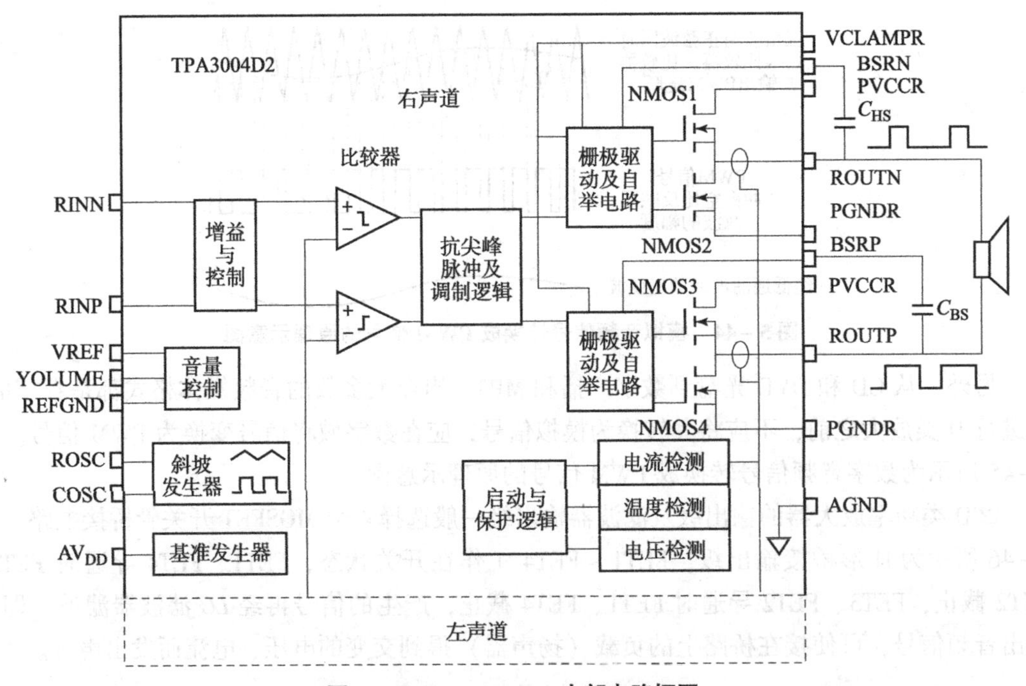

图 5-47 TPA3004D2 内部电路框图

TPA3004D2具有以下特点：

每通道有12 W功率，负载阻抗为8 Ω，工作电源为15 V；效率高，功耗和发热低；具有32级直流音量控制，-40~36 dB；具有供给耳机放大器的线输出且可控制音量；体积小，可节省空间，由增强散热的PADTM封装；内置过热和短路保护。

由于TPA3004D2具有这些特点，它特别适合作为液晶电视机等平板显示设备的音频功放使用。图5-48所示为TPA3004D2引脚排列图，其引脚功能如表5-7所示。

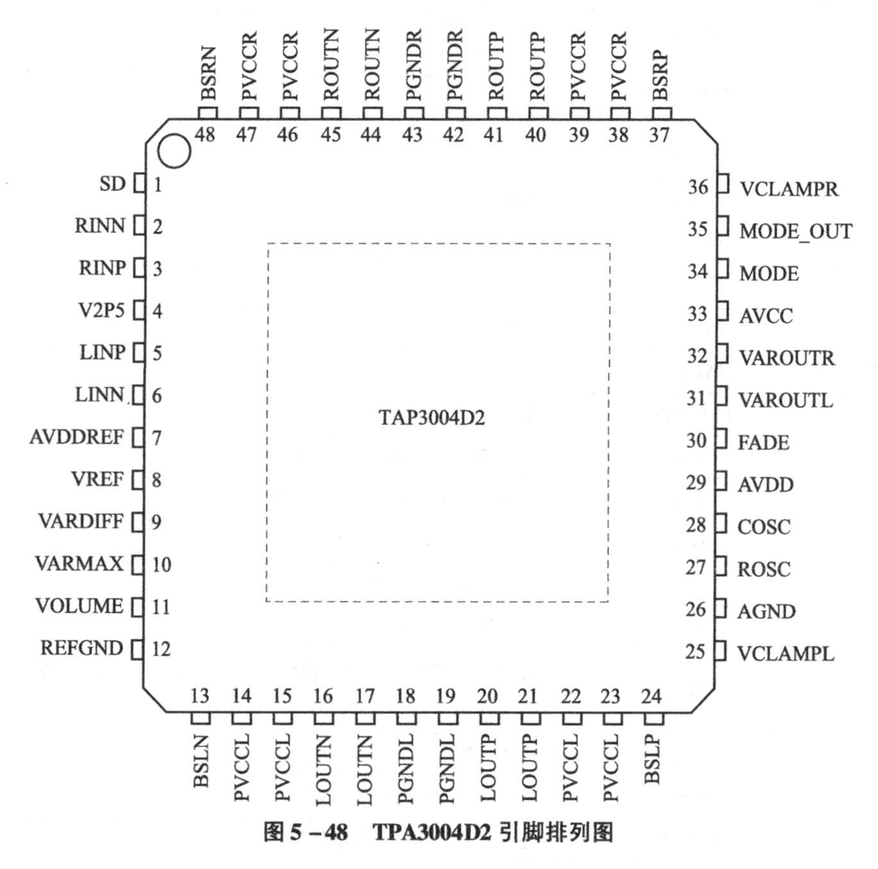

图5-48 TPA3004D2引脚排列图

表5-7 TPA3004D2引脚功能

脚位	引脚名	功　能
26	AGND	模拟地
33	AVCC	模拟电源（8~18 V）
29	AVDD	5 V基准输出
7	AVDDREF	5 V基准输出
13	BSLN	左声道输入输出自举电路，负高臂FET
24	BSLP	左声道输入输出自举电路，正高臂FET
48	BSRN	右声道输入输出自举电路，负高臂FET
37	BSRP	右声道输入输出自举电路，正高臂FET
28	COSC	三角波发生器充放电电容器
30	FADE	控制音量变化的斜率

续表

脚位	引脚名	功 能
6	LINN	左声道差动音频输入，负极性
5	LINP	左声道差动音频输入，正极性
16、17	LOUTN	左声道负输出
20、21	LOUTP	左声道正输出
34	MODE	模式控制输入
35	MODE_OUT	变量放大器输出控制，用于控制外部耳机放大器静音，不使用耳机放大器时不连接
18、19	PGNDL	电源地
42、43	PGNDR	电源地
14、15	PVCCL	电源
22、23	PVCCL	电源
38、39	PVCCR	电源
46、47	PVCCR	电源
12	REFGND	参考电压地
3	RINP	左声道差动音频输入，正极性
2	RINN	左声道差动音频输入，负极性
27	ROSC	三角波发生器电阻设置端
44、45	ROUTN	右声道负极性输出
40、41	ROUTP	右声道正极性输出
1	SD	IC 停止工作信号，低电平时 IC 停止，高电平时 IC 工作，该脚主要用于静音控制
9	VARDIFF	用于设置差动放大器的增益
10	VARMAX	用于设置 VAROUT 输出的最大增益
31	VAROUTL	左声道变量输出，驱动外部耳机放大器
32	VAROUTR	右声道变量输出，驱动外部耳机放大器
25	VCLAMPL	左声道自举电容器端
36	VCLAMPR	右声道自举电容器端
11	VOLUME	VAROUT 输出增益设置
8	VREF	基准电压
4	V2P5	模拟单元 2.5 V 基准

工作时，模拟音频信号加到 TPA3004D2 后，经放大给调制电路，调制波为频率等于 250 kHz的三角形载波，产生载有音频信息的 PWM 信号，送入驱动电路，去控制由 4 个 NMOS 晶体管构成的 H 形桥接输出级。

TPA3004D2 桥接负载两端的电压由 OUTP 与 OUTN 的差形成，4 个 NMOS 晶体管的开关状态如图 5－49 所示。图 5－49 中 OUTP 的占空比大于 OUTN，二者的差 OUTP－OUTN 为正极性；当 OUTP 占空比小于 OUTN 的占空比时，OUTP－OUTN 的差即会变成负极性。

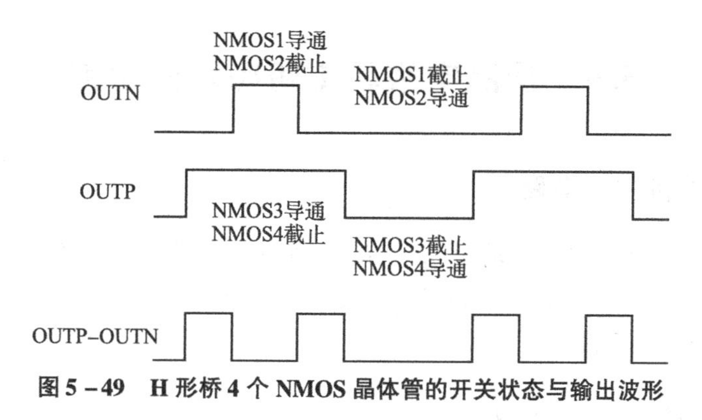

图5－49 H形桥4个NMOS晶体管的开关状态与输出波形

H形桥输出级全部采用NMOS晶体管，为使H形桥的高电位桥臂（NMOS1、NMOS3）快速导通，NMOS1、NMOS3在各自的导通期，其栅极与源极之间需要保持高电平，因而对NMOS1、NMOS3的栅极采用了一套自举电路。BSRN、BSRP是右声道自举电路的引脚（左声道也相同），BSRN外接10 nF陶瓷电容器 C_{BS} 后连接到桥路输出引脚ROUTN，BSRP外接10 nF陶瓷电容器 C_{BS} 后连接到桥路输出引脚ROUTP。

为了确保NMOS管的栅极与源极之间的电压不超过额定值，TPA3004D2内部设有两个针对栅极电压的钳位电路，该钳位电路要求在VCLAMPL（25脚）及VCLAMPR（36脚）与地之间需外接1 pF且耐压不低于25 V的电容器。

为确保输出总谐波失真（THD）低，防止扬声器与放大器之间的长导线产生振荡，供电电源的退耦措施极为重要。应根据电源线上不同的噪声选用不同类型的退耦电容器，对高频瞬态噪声信号，可选用等效串联电阻低、容量为0.1 μF的陶瓷电容器，连接在电源引脚与地之间，排布位置须尽可能靠近电源引脚。滤除低频噪声信号，应选用大容量（10 μF）铝电解电容器，连接在电源引脚与地之间，排布位置须尽可能靠近功率放大器输出级引脚（PVCCTPA3004D2用于有源扬声器中），当放大器到扬声器线路较长或存在低频敏感电路时，应加 *LC* 滤波器，多数应用场合需要加铁氧体磁珠滤波器，如图5－50所示。

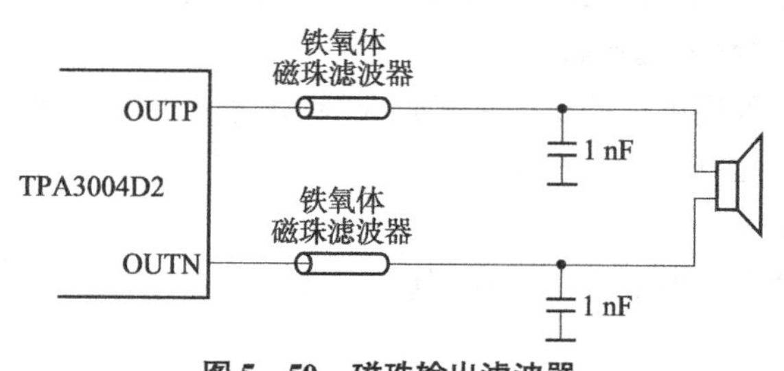

图5－50 磁珠输出滤波器

磁珠要选择对高频呈现高阻抗、对低频呈现出非常低阻抗的材料，磁珠的排布位置须尽可能靠近TPA3004D2的输出端子。但在很多应用场合，并不需要外加滤波器。

从放大器输出端提取音频信号时，是依靠扬声器固有的电感以及人耳的听觉特性来恢复音频信号的，因为当开关频率很高（如250 kHz）时，扬声器的音圈是不会动的。

5.5 液晶电视机主板电路的组成

1. 液晶电视机主板电路

液晶电视机的主板也称“驱动板”，它的作用是把外部天线送来的信号进行解调，解码、变换等处理，然后送给扬声器和液晶面板，以还原出声音和图像。图 5－51 所示为液晶电视机的主板电路组成框图。

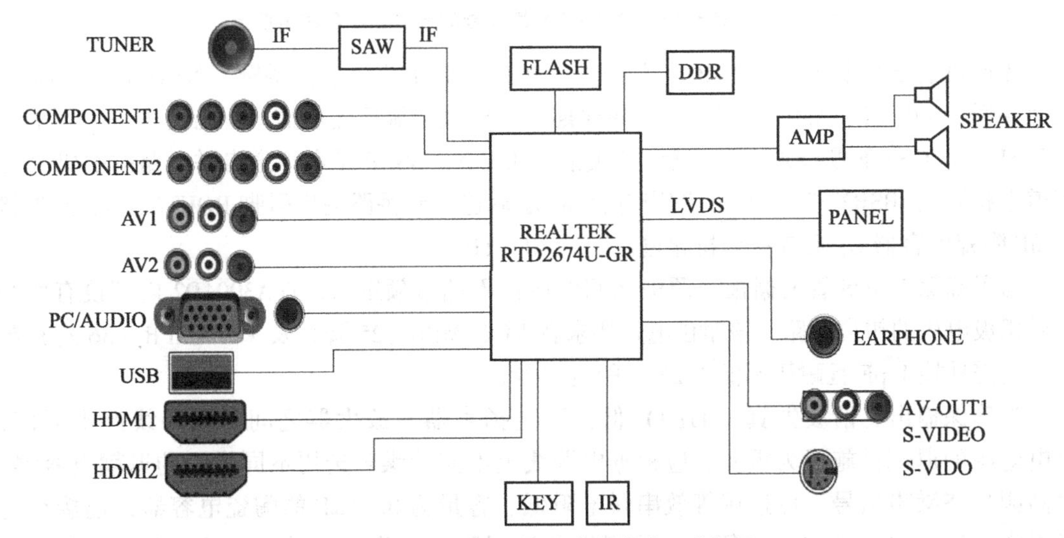

图 5－51 液晶电视机的主板电路组成框图

液晶电视机的主板电路有以下几部分组成：

1）接口电路

液晶电视机的接口分为输出接口和输入接口两种，输出接口用来将液晶电视机内部的信号送到外部的设备；输入接口则是将外部的额定信号送到液晶电视机主板电路进行处理。

2）高频头电路和中频处理电路

高频头电路和中频处理电路的功能是接收天线 RF 射频信号，经高频、中频处理后，转换为视频和音频（或第二伴音中频）信号。

3）视频处理电路

视频处理电路主要包括视频解码、MD 转换、去隔行处理、图像缩放和液晶面板接口电路等。

视频解码电路分为模拟视频解码和数字视频解码两种，其作用是对输入的视频信号进行解码处理，输出 YUV 分量信号或 RGB 基色信号。

A/D 转换电路的作用是将输入的模拟信号转换为数字信号。液晶电视机采用模拟视频解码电路，A/D 转换电路一般安装在模拟视频解码电路之后或集成在去隔行处理芯片内部，若采用数字视频解码电路，MD 转换电路集成在数字视频解码芯片内部。

去隔行处理电路的作用是对输入的数字视频信号进行隔行－逐行变换。

图像缩放电路的作用是对输入的数字视频信号进行缩放处理，从而将不同分辨率的信号转换成液晶显示屏固有分辨率信号。

液晶面板接口用于对图像缩放电路输出的信号进行转换处理，以便和液晶面板相连。

液晶面板接口的类型主要有TTL\LVDS（低压差分信号）、TMDS、RSDS（低摆幅差分信号）、TCON（定时器）等多种，其中TTL、LVDS在液晶电视机应用最广。

微控制器电路主要包括MCU（微控制器）、存储器（EEPROM数据存储器和FLASHROM数据存储器）等。其中MCU（微控制器）用来接收按键信号、遥控信号，然后再对相关电路进行控制，以完成指定的功能操作；存储器用于存储液晶电视机的工作数据和运行程序。

4）伴音电路

伴音电路主要由音频处理电路和音频功放电路等组成，用于对音频信号进行解调、音效处理和音频放大，以便驱动扬声器发出声音。

5）DC－DC变换器

DC－DC变换器用于将开关电源输出的较高主流电压（如12 V、5 V等），转换为主板小信号处理电路所需的低电压（如3.3 V、2.5 V、1.8 V等）。

不同的液晶电视机主板电路的组成也不尽相同。

5.6　液晶电视机程序软件的烧录

1. 软件及EDID烧录SOP

采用U盘烧录：

（1）准备工作。

① 工具：U盘（FAT格式为佳）。

② 待烧录软件，需将软件文件名更改为“fw.spi”。

（2）烧录。

① 将待烧录文件的文件名重命名为“fw.spi”，并拷贝到U盘根目录下。

② TV AC断电，将U盘插到TV USB接口，再插上电源线。

③ TV开始升级软件，TV为off状态无升级过程提示（U盘灯闪烁表示正在升级软件），升级完后TV自动开机，整个过程大约需要3 min。

（3）进入工厂模式确认软件版本。

2. 采用PC烧录方法

注：仅以其他相似几种的烧录为例（烧录方法相同）。

（1）准备工作。

① 工具：715GT0051－1－A，USB线与VGA线，如图5－52所示。

② 安装USB驱动：解压“PL－2303.zip”文件夹，安装“PL－2303 Driver Installer.exe”。

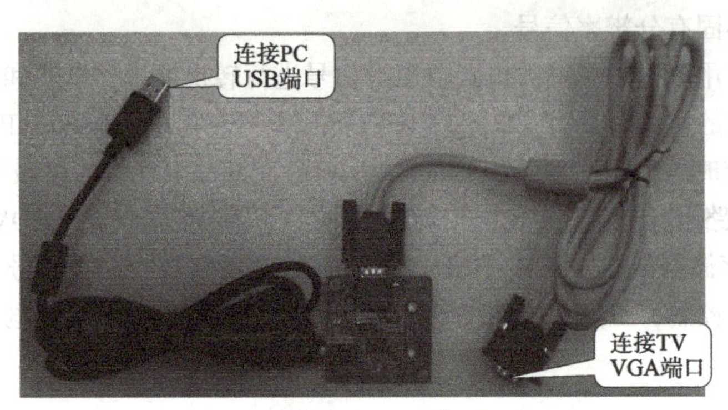

图 5－52　工具

备注：此驱动只支持 Windows XP 系统，不支持 Vista、Win 7。

③ 按图 5－53 连接烧录板，查看“我的计算机”→“属性”→“设备管理器”，确认 USB 驱动是否安装 OK，如“ports”有下框提示内容，代表 USB 数据线连接 OK，记下该串口的 COM 口号；如无此提示内容，代表 USB 数据线连接不正常。

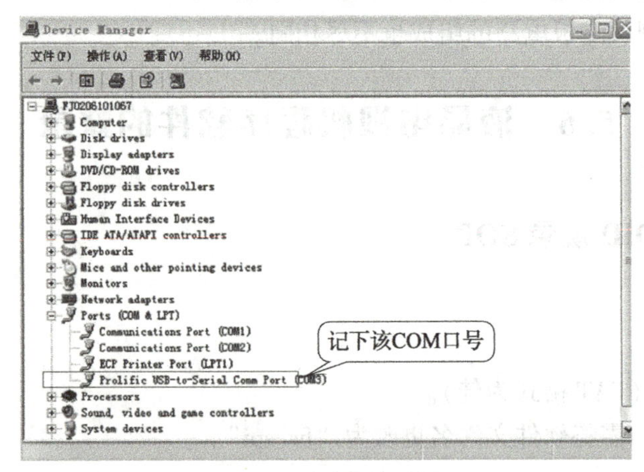

图 5－53　连接烧录板

（2）烧录。

① 解压“ISP&Debug. zip”，运行“RTICE_FLASH_ONLY. exe”，出现如图 5－54 所示提示，单击“确定”，进入图 5－55 所示界面。

RTICE_FLASH_ONLY

Can't find file

确定

图 5－54　提示

② 单击如图 5－56 所示“setting”，进入如下设置界面，“COM Port Selection”选择之前所记 COM 口号，单击“OK”确定；如下“browse”图标，加载“boot_0911. img”文件。

③ 插入 TV 电源，单击“TV Firmware”，当进度条上方出现“Connect...”，在进度条未跑完时拔插电源。

④ TV 重现上电后，自动开始烧录 Bootcode，烧录进度过程如图 5－57 所示。

⑤ 创建超级终端。

a. 单击 C:\Program Files\Windows NT，运行“hypertrm. exe”；如图 5－58 所示。

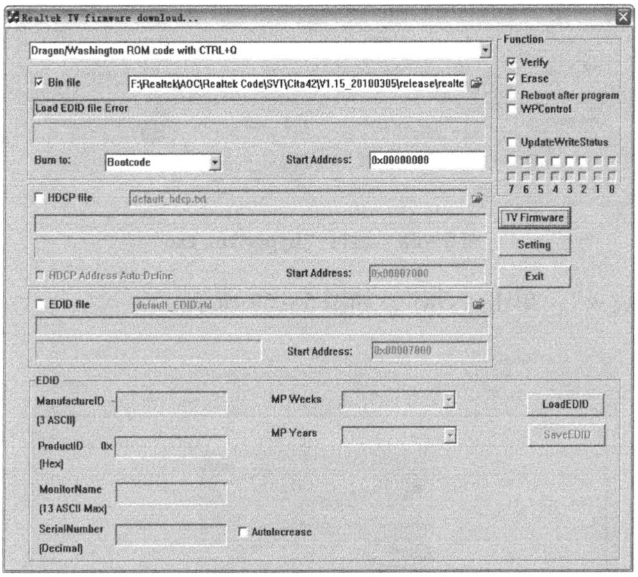

图5－55　进入界面

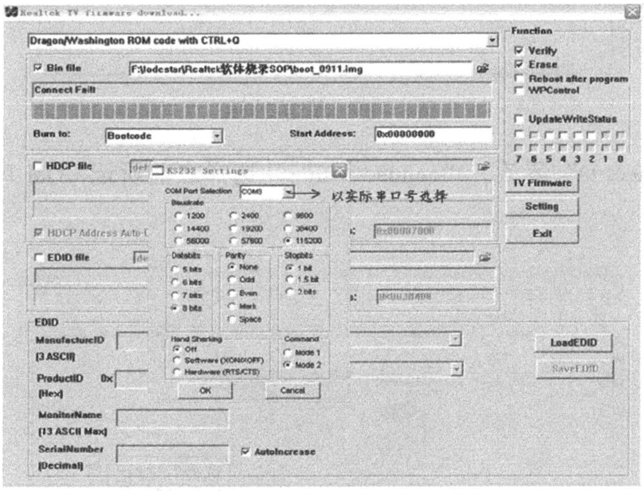

图5－56　设置界面

图5－57　进度界面

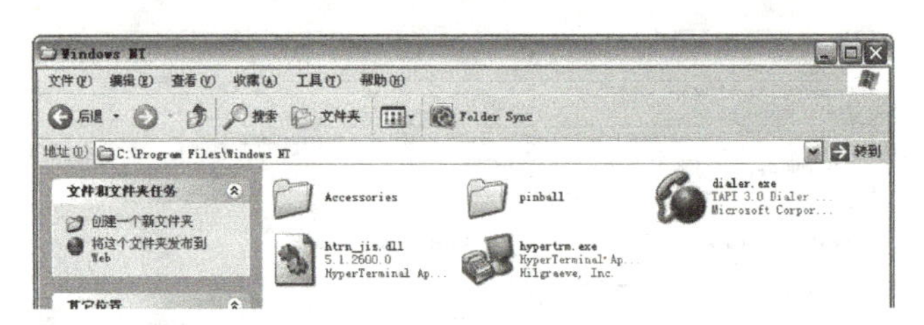

图 5-58　运行“hypertrm. exe”

b. 创建“SPI 烧录”，单击“OK”，如图 5-59 所示。

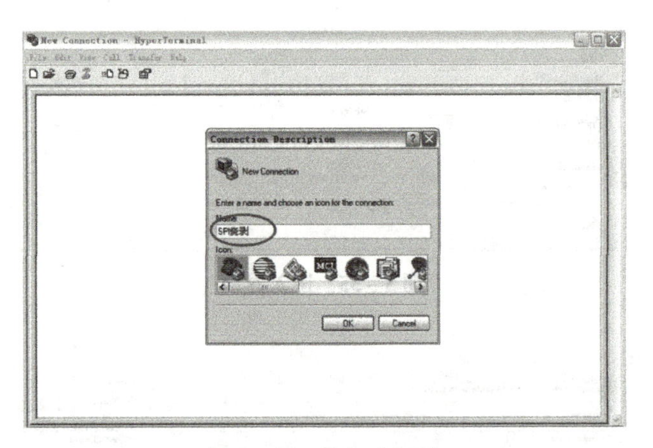

图 5-59　单击“OK”

c. 进入“connect to”界面，“connect using”选择之前所记 COM 口号，单击“OK”，如图 5-60 所示。

图 5-60　“connect to”界面

d. 进入“SPI 烧录 HyperTerminal”界面，“每秒位数（B）”选择“115200”，数据流控制（F）选择“无”。

具体设置如图 5-61 所示，设置 OK 后单击“确定”完成创建。

图 5 -61　SPI 烧录 HyperTerminal 界面

⑥ 将所要烧录的软件 SPI 文档命名为“fw. spi”后放置于 U 盘根目录下，并将 U 盘插入 TV USB 端口。

⑦ 按住 PC 键盘“Esc”键，插入 TV 电源，出现如图 5 -62 所示界面。

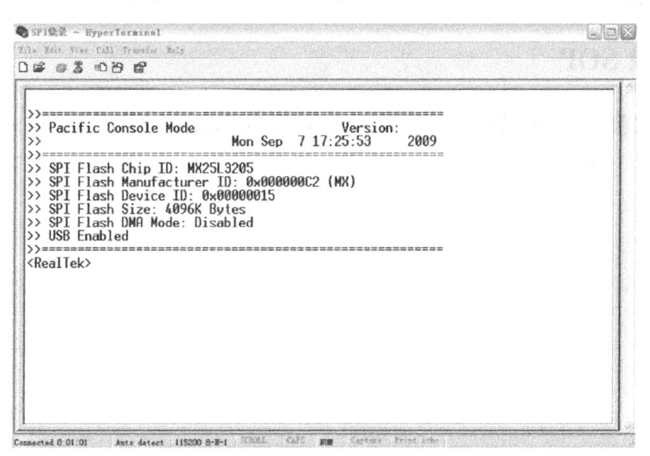

图 5 -62　界面

⑧ 在“<RealTek>”后输入命令“uu fw. spi”，然后回车，如图 5 -63 所示。

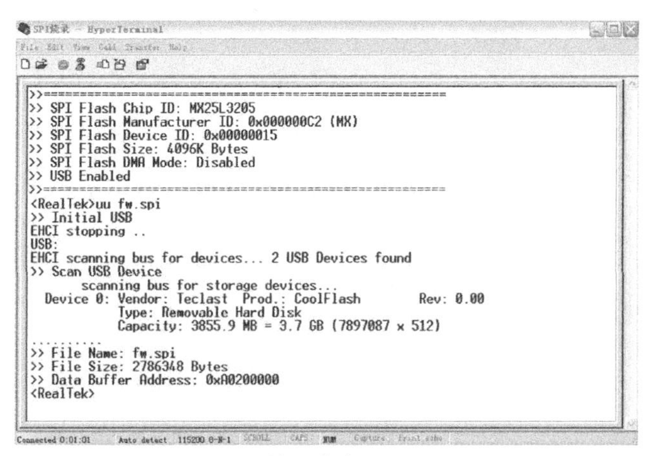

图 5 -63　输入命令“uu fw. spi”

⑨ 在“<RealTek>”后输入命令“fl loader”，然后回车，如图 5－64 所示。

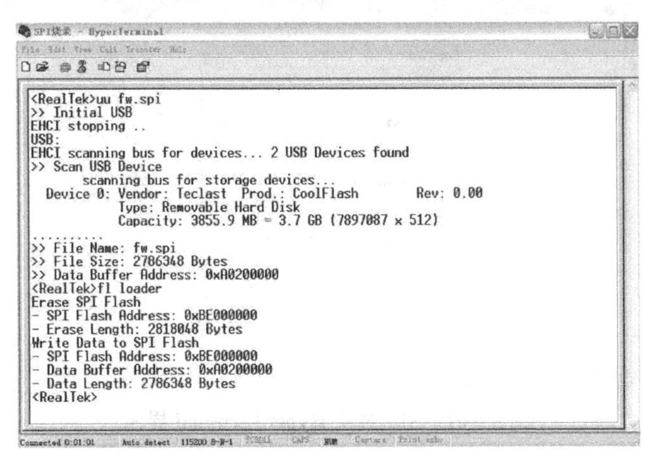

图 5－64 输入命令“fl loader”

⑩ 当再次出现“<RealTek>”，拔出 TV 电源线和 U 盘，软件烧录完成。

(3) 进入工厂模式确认软件版本。

3. EDID 烧录 SOP

此机种 EDID 数据包含于 flash 软件中，无须进行单独的 EDID 烧录。

项目6　液晶电视机综合故障检修

本项目主要介绍了液晶电视机故障种类、故障产生原因、故障检修程序、维修方法以及维修注意事项等。

学习目标

1. 了解液晶电视机的故障分类。
2. 了解液晶电视机的检修程序与方法。
3. 学会检修液晶电视机典型故障。
4. 学会填写检修故障报告。

6.1　液晶电视机检修简述

1. 液晶电视机的故障分类

液晶电视机故障按出现的时间来分，可分为早期故障、中期故障和晚期故障3种。

1）早期故障

早期故障指发生在包括从库房存放直至用户使用保修期前后的一段时间内发生的故障。具体包括库房存放期发生的故障、市场开箱时发现的故障、在保修期以及刚过保修期的一段时间内出现的故障等。这类故障多由于设计不合理、装配工艺太差、运输受振或元器件质量不良所造成，也有一些故障是用户使用不当人为造成。其特征是除了元器件质量故障以外，工艺性故障所占比重较大，而随着离出厂时间的日久，其故障率呈缓慢下降的趋势。

2）中期故障

中期故障一般是指用户使用了3年左右时间后发生的故障，这类故障大多属离散的均匀分布型，一般没有明显的倾向。这类故障多由于某一个或几个元件、器件或部件的质量不良所引起，一般更换相关元器件或部件后就可排除。实践中发现，中期故障以电源和高压板电路故障居多，因为这部分电路电压高、电流大、发热多，使用日久很容易出现故障，所表现的现象为无电源、黑屏等。

3）晚期故障

此类故障多出现于使用数年之后的机器中，如液晶电视机的电阻、电容、半导体及集成电路等由于使用日久发生化学及物理变化导致老化、失效等，但是根据一般统计，阻容元件的寿命低于常用半导体器件，而分立的寿命又低于集成电路。因此，一般情况下，集成电路虽较为贵重，但其寿命是最长的。对于寿终正寝的元器件，在更换新的元器件后即可使机器恢复正常。但是，在晚期故障中，除使用中突发的故障以外，还有相当部分属于老化故障，其特点为半导体等元器件连接导线焊接端的氧化、工作点的漂移，使用性能的下降等；电阻元件的变值；电容器容量的减少、消失及漏电等。这类故障造成的现象往往不明显，但却很顽固，因此特别值得我们重视。

2. 故障产生的原因

1）内部原因

指机内元器件性能不良，元件虚焊、腐蚀，接插件、开关及触点氧化，印制板漏电、铜断、锡连等由于生产方内部原因造成的故障，元器件的寿命也属这类故障。

2）外部原因

这部分故障指由于使用方的外部条件造成的故障，如由于电网电压不正常造成对电源部分及电路元件的损害，长期工作造成对机内大功率元件的损害，尘埃及油烟造成元件的老化、性能下降等。

3）人为原因

人为原因包括运输过程中的剧烈振动和过分颠簸，以及用户如自己乱拆、乱调及乱改造成的故障。值得一提的是一些常识造成的损害是“致命”的，如把开关电路的快速恢复二极管换成50 Hz整流的普通二极管，把小容量电解电容器换成特大容量的电解电容等。

维修人员在检修机器之前，应首先弄清故障属于哪一种原因造成的，然后根据不同原因和表现症状进行检查、分析和修理。检修时，一般从外部原因着手，因为这种方法较为简单。在检修前还应尽量向用户询问，并在检修时做好记录，以便于对故障进行分析与判断，然后再着手查找内部原因。

3. 液晶电视机的故障检修程序

液晶电视机电路之间的关系相当复杂，这给维修工作带来一定的难度，要把液晶电视机修好，除掌握基本原理和正确的维修手段之外，还应注意维修步骤是否合理，使维修工作有条不紊地进行。检修时，可按以下步骤进行：

1）询问用户

接手一台待修的液晶电视机时，应仔细询问用户机器发生故障的时间及故障现象，用户是否自己或找人检修过，机器购买时间，机器工作环境，有无使用说明书和维修图纸，机器平时的工作情况，是否碰撞或摔伤过等，并做好记录。这些看似细小的问题，对下步的维修却十分重要。如果机器工作的环境较潮湿或灰尘较大，在检修时应首先对机器加以清洁，并对电路板用电吹风适当加温。如果用户说故障发生时，机器有异味或冒过烟，就不能随便开机通电。因此，通过询问用户，获得第一手的维修资料，将会给分析判断故障提供依据。

2）观察故障现象

打开机盖之后，应首先做外观检查。检查机内有无异物，排线有无松脱和断裂，元器件有无虚焊和电路断线，线路板元器件是否缺损等，检查无误后方可进行通电观察，并对故障现象做好记录。

3）确定故障范围

根据故障现象判断出可能引起故障的各种原因，并根据测量结果大致确定故障范围。

（1）在正常工作状态下，液晶电视机突然出现满屏花斑或部分花斑，这种故障一般是由液晶显示屏输入接口电路引起的。

（2）液晶电视机正常工作时，突然无显示，屏幕变黑，此时应立即断电。其故障现象可分为以下 3 种情况进行判断：

①若液晶电视机的电源指示灯仍为绿色，一般为逆变器或背光灯不良。

②若液晶电视机的电源指示灯由绿变为红色，说明开关电源进入待机工作状态，引起故障的原因比较多，如开关电源或负载不良、微控制器有故障等。

③若液晶电视机电源指示灯不亮，一般为开关电源不通电，应重点检查开关电源电路。

（3）对于难以判断的故障，要根据液晶电视机的电路结构及其特点，结合具体的故障现象，尤其是故障现象的细节，以及与其相关的其他情况进行综合、系统地分析。通过比较与研究，做出较为准确的判断，确定故障范围及其性质。

4）测试关键点

判断出大致的故障范围之后，可以通过测试关键点的电压、波形，结合工作原理来进一步缩小范围，这一点至关重要，也是维修的难点，要求维修者平时多积累资料，多积累经验，多记录一些关键点的正常电压和波形，为分析判断提供可靠的依据。

5）排除故障

找出故障原因后，就可以针对不同的故障元器件加以更换和调整。更换元器件时，应查找资料，找出可以替换的元器件，切不可对故障元器件随便加以替换。

6）整机测试

故障排除后，还应对机器的各项功能进行测试，使之完全符合要求。对于一些故障，应做较长时间的通电试机，看故障是不是还会出现，等故障彻底排除了，再交与用户。

6.2　液晶电视机常用维修方法及注意事项

1. 维修方法

为了提高液晶电视机维修的速度，下面谈一谈维修时常用的方法，供维修时参考。

1）观察法

（1）常规观察。

所谓常规观察就是打开机器后盖，直接观察机内元件有无缺损、断线、脱焊、变色、变形及烧坏等情况。再通电观察有无打火、异味、异常声音等现象。

① 断线故障。

常见的有电源线断裂，熔断丝熔断，印制板断裂，电阻、电容、晶体管引线断开或脱焊等。这种故障一般凭眼睛观察即可发现，必要时可借助仪器来确定故障点。

② 短路故障。

这种故障通常发生在密布的印制线路和芯片引线间，电路板上的油垢等使短路现象较为多见。此外，元器件相碰和元器件与屏蔽罩、金属底板、散热板之间相互接触而造成的短路现象也时有发生。短路故障一般也只需仔细检查即可查出，但有些短路故障较为隐蔽，需借助测量工具才能确定。

③ 漏电故障。

可凭感官直接观察的漏电故障一般有：电解电容发热及外壳炸裂或电解液流出；印制线路和高压元器件的漏电，主要是印制线路间或元器件引线间有污垢、尘埃或水汽物，发生放电打火现象。

④ 过热故障。

指元器件出现过热现象，常常伴随异味出现，可用手轻轻触摸来做判断，如高压电容、大功率开关管、电源变压器和高压变压器等。

⑤ 接触不良故障。

一般是接插件触点氧化或松动、元器件焊接不良所致。

⑥其他故障。

这里指的其他故障有：电阻过载烧焦变色（可闻到烧焦表面油漆之味），印制板被过热元器件烧焦或被高压打火碳化（可闻到树脂板烤焦之味），电源变压器过热（温升迅速，可闻到烧焦绝缘清漆和树脂等味），元器件或线路打火（可看到放电闪烁或电线状火花）；电感线圈中的磁芯脱落式碎裂（一般明显可见）等。

（2）故障现象观察法。

故障现象是故障的直接表现，在熟悉电路结构和特点的情况下，只要能熟悉地运用故障现象观察法对主要电路故障进行检查，就可以很快确定故障部位，甚至可以直接找到故障点。

2）电流法

电流法一般用来检测电源电路负载电流。测量电源负载电流的目的是为了检查、判断负载中是否存在短路、漏电及开路故障，同时也可判断故障在负载还是电源。测量电流的常规做法是切断电流回路串入电流。

3）电压法

电压法是检查、判断液晶电视机故障时应用最多的方法之一，它通过测量电路主要端点的电压和元器件的工作电压，并与正常值对比分析，即可得出故障判断的结论。测量所用的万用表内阻越高，测得数据就越准确。按所测电压的性质不同，电压一般可分为静态直流电压和动态电压两种，判断故障时，应结合静态和动态两种电压进行综合分析。

（1）静态直流电压。

静态是指液晶电视机不接收信号条件下的电路工作状态，这时的工作电压即静态电压。测量静态直流电压一般检查电源电路的整流和稳压输出电压，各级电路的供电电压等，将正常值与测量值相比较，并做一定的推力分析之后，即可判断故障所在。例如，开关电源输入的交流电压220 V经整流滤波后的直流电压值为300 V左右（带PFC电路的开关电源，滤波电容两端电压一般为400 V左右，以下不再说明）。若实测电压值为零或很低，便可判断整流滤波电路（包括输入滤波器）有问题。例如，处于放大状态的晶体管，静态时发射结电压应在0.5～0.65 V（硅管），若实测电压与此相差太多，则可判断该管有故障。

（2）动态电压测量。

动态电压是液晶电视机在接收信号情况下的工作电压，此时的电路处于动态工作状态。液晶电视机电路中有许多端点的工作电压会随外来信号的进入而明显变化，变化后的工作电压变成了动态电压。显然，如果某些电路本应有这种动、静态工作电压变化，而实测值却没有变化或很小，就可以判断该电路有故障。该测量法主要用来判断仅用静态电压测量法不能或难以判别的故障。

在测量各脚的工作电压时，尤其是晶体管和集成电路各引脚的静、动态工作电压时，由于液晶电视机集成电路引脚多且密集，故而操作时一定要极其小心，稍有不慎就可能引起集成电路的局部损坏，此类情况在实际维修中屡见不鲜。为了尽可能地避免因测量不慎而引起短路，最好是将测量用万用表的表笔稍微做一下小加工。其方法是：先将表笔的金属探头用什锦小锉刀锉小一些，然后再选一段直径与探头相当的空心塑料管套上，只在探头前端露出约 1 mm 的金属探头即可。这种表笔其探头的接触点较小，且探头的其余部分均为绝缘的，测量时不易碰到其他引脚而导致短路。

4）电阻法

电阻法是维修液晶电视机的又一个重要的方法之一。利用万用表的欧姆挡，测量电路中可疑点、可疑元器件以及芯片各引脚对地的电阻值。然后将测得数据与正常值做比较，可以迅速判断元器件是否损坏、变质，是否存在开路、短路，是否有晶体管被击穿、短路等情况。

电阻测量法分为“在线”电阻测量法和“脱焊”电阻测量法两种。前者是指直接测量液晶电视机电路中的元器件或某部分电路的电阻值；后者是把元器件从电路上整个拆下来或仅脱焊相关的引脚，使测量数值不受电路的影响。很明显，用“在线”法测量时，由于被测元器件大部分要受到与其并联的元器件或电路的影响，万用表测量的数值并不是被测元器件的实际阻值，使测量的正确性受到影响。与被测元器件并联的等效阻值越小于被测元器件的自身阻值，测量误差就越大。因此，采用“在线”测量法时必须充分考虑这种并联阻值对测量结果的影响，然后做出分析和判断。然而要做到这点并不容易，需非常熟悉有关电路及掌握大量经验数据才行，即使这样，并联阻值远小被测阻值时，仍不能测出准确的阻值，所以“在线”测量法局限性较大，通常仅对短路性故障和某些开路性故障的检查较为有效。但对于有丰富维修经验的人来说，“在线”电阻测量法仍是一种较好的方法。脱焊电阻测量法应用更为广泛。

因为液晶电视机中大部分元器件如晶体管、电阻、电容、电感及二极管等，均可用测量电阻的方法予以定性检查，所以最终确定某个元器件是否失效往往都用电阻测量法。

5）示波器法

在液晶电视机维修中，我们最关注的是信号，而信号是以波形的形式来体现的，波形是用示波器来测量的。在测波形时，除测量其幅度外，还要测量波形的周期，必要时，可以参考维修手册上的正确波形加以对照，以便准确地判断出故障的范围。

6）拆除法

液晶电视机的元器件有些是起辅助性作用的，如起减少干扰、实现电路调节等作用的元器件。当这些元器件损坏后，它们不但不起辅助性功能的作用，而且会严重影响电路的正常工作，甚至导致整个电路不能工作。如果将这些元器件应急拆除，暂留空位，液晶电视机马上可恢复工作。在缺少代换元器件的情况下，这种“应急拆除法”也是常用的一种维修方法。

采用拆除法可能使液晶电视机某一辅助性功能失去作用，但不影响大局。当然不是所有的元器件损坏后都能使用这种方法处理。这种方法仅适用于某些滤波电容器、旁路电容器、保护二极管、补偿电阻等元器件击穿短路后的应急维修。例如，液晶电视机电源输入端常接一个高频滤波电容（又称低通滤波电容），电容器击穿后导致电流增大，熔断丝烧断。如果将它拆掉，电源的高频成分还可以被其他电容旁路，故拆除后基本上不影响液晶电视机正常工作。

7）人工干预法

人工干预法主要指液晶电视机出现故障时，采取加热、冷却、振动和干扰的方法使故障尽快暴露出来。

（1）加热法。

加热法适用于检查故障在加电后较长时间（如1～2 h）才产生或故障随季节变化的液晶电视机，其优点主要是可明显缩短维修时间，迅速排除故障。常用电吹风和电烙铁对所怀疑的元器件进行加热，迫使其迅速升温，若故障随之出现，便可判断其热稳定性不良。由于电吹风吹出来的热风面积较大，通常只用于对大范围内的电路进行加热，对具体元器件加热则用电烙铁。

（2）冷却法。

通常用酒精棉球敷贴于被怀疑的元器件外壳上，迫使其散热降温，若看到故障随之消除或趋于减轻，便可判定该元器件热失效。

（3）振动法。

这种方法是检查虚焊、开焊等接触不良所引起的故障的最有效的方法之一。通过直观检测后，若怀疑某电路有接触不良的故障时，即可采用振动或拍打的方法来检查。利用螺丝刀的手柄敲击电路，或者用手按压电路板、搬动被怀疑的元器件，便可发现虚焊、脱焊以及印制电路断裂、接插件接触不良等故障位置。

8）代换法

代换法就是指用好的元器件替换所怀疑的元器件，若故障因此消除，说明怀疑正确，否则便是失误（除同时存在其他故障元器件外），应进一步检查、判断。用代换法可以检查液晶电视机中所有元器件的好坏，而且结果一般都是准确无误的，若是出现难以判断的情况，除非存在多个故障点而替换又在一处进行。

对于要替换的元器件，首先要保证替换件良好。若替换件本身不良，替换就完全没有意义了。对许多维修人员来讲，往往不能肯定供替换用的芯片是好的。因此建议维修者平时可多备几份同型号的芯片，因为芯片出厂前均进行过测试检查，除了保管不当等特殊情况可能导致一批产品同时损坏外，一般不会遇到2块以上芯片都坏的情况。其次，替换件的型号应该相同，若找不到原型号的替换件，应通过查元器件代换手册，找到合适的替换件进行替换。第三，有些替换件还要考虑软件问题。例如，对于液晶电视机中的EEPROM，替换时要替换写入资料正常的同型存储器；否则，若用空白的存储器进行代换，即使型号相同，液晶电视机也不能正常工作。

上面介绍的属元件级代替，对于液晶电视机的维修，还可以采用模块级代换，因为液晶电视机主要由开关电源（电源模块）、高压板（高压模块）、主板电路（主板模块）、液晶面板（屏模块）等组成，若怀疑哪一部分有问题，直接用正常的替换件进行代换即可，这种属于模块级代换。

换法的好处是：维修迅速，排除故障彻底。但也存在着一些缺点：主要是维修费用较高。

随着液晶电视机的普及，液晶电视机各模块电路和液晶显示屏的整体价格也在不断下滑，品种不断增多，因此，模块级替换法应用越来越广泛。

2. 液晶电视机维修注意事项

(1) 加电时要小心，不应错接电源。打开液晶电视机后，注意不要碰触高压板的高压电路等，以防触电事故。

(2) 不可随意用大容量熔断丝或其他导线代替熔断管及保险电阻。熔断管烧断，应查明原因，再加电实验，以防止损坏其他元器件，扩大故障范围。

(3) 维修时应按原布线焊接，线扎的位置不可移动，尤其是高压电路、信号线，应该注意恢复原样。

(4) 当更换机件时，特别是更换电路图或印制板上有标注的一些重要机件时，必须采用相同规格的机件，绝不可随意使用代用品。当电路发生短路时，对所有发热过甚而引发变色、变质的机件应全部换掉，换件时应开电源。当更换电源上的器件时，必须对滤波电容进行放电，以免被电击。

(5) 更换的元器件必须是同类型、同规格。不应随意加大规格，更不允许减小规格。如大功率晶体管不能用中功率晶体管代替，高频快恢复二极管不能用普通二极管代替。但也不能随意用大功率管代替中功率管，因为这样代替的结果，该级的矛盾表面上一时解决了，但实际上并没有解决。例如晶体管击穿，可能是该管质量不好，也可能是工作发生了变化。若由于电解电容漏电太严重而引起工作点变化，如果仅仅更换了晶体管（用大功率管代替中功率管，而没有更换电容），那么不但矛盾没有解决，甚至可能扩大故障面，引起前后级工作不正常。

(6) 维修时应根据故障现象冷静思考，尽量逐渐缩小故障范围，切不可盲目的乱焊、乱卸。

(7) 更换元器件、焊接电路时，都必须在断电的情况下进行，以确保人机安全。

(8) 拆卸液晶显示屏时要小心，不能用力过猛，以免对液晶显示屏造成永久性损害。

(9) 在维修过程中，若怀疑某个晶体管、电解电容或集成电路损坏时，需要从印制电路板上拆下并测量其性能好坏。在重新安装或更换新件时，要特别注意二极管、电解电容的极性，三极管的三个电极不能焊错。集成电路要注意所标位置及每个引脚是否安装正确，不要装反，否则维修人员因自己不甚而造成的新故障就更难排除了，而且还容易损坏其他元器件。

(10) 机器由于使用太久，灰尘积累过多，维修时应首先用毛刷将浮尘扫松动，然后用除尘器吹跑。吹不掉的部位但又必须清除时，宜用酒精擦除，严禁用水、汽油或其他烈性溶液擦洗。

6.3 液晶电视机典型故障实例检修

目的：学习液晶电视机故障检测与维修技能。

器材：创维 32K03HR 一台、示波器 1 台、彩色电视机信号发生器 1 台、万用表 1 只、常用电工操作工具一套。

情景设计：

以 1 台液晶电视机 2 人为一组，全班视人数分为若干组。可能故障点是：副电源 +5 V 电源不良。(故障点由教师设定)

根据以上故障，研究讨论故障的现象和检测方法，检修并更换损坏的器件，修理完毕后，进行试用，检测自己的维修成果，完成故障后恢复故障并填写故障报告。

创维 32K03HR 液晶电视机，开机指示灯不亮。

班级		姓名		学号		得分	
实训器材							
实训目的							
工作步骤	开启液晶电视机，观察故障现象。 分析故障，说明哪些原因造成此类故障。 制定维修方案，说明检测方法。 记录检测过程，找出故障部位、故障器件。 确定维修方法，说明维修或更换器件的原因。 维修时应注意哪些安全注意事项						
工作小结							

6.4 逆变器的调试

通过逆变器的测试，掌握逆变器的工作原理，掌握控制保护电路的作用。

1. 设备准备

(1) 液晶电视实验箱。

(2) 示波器、万用表。

2. 测试步骤

(1) 测量输入插座 3 脚 ON/OFF 开和关的两个电平值，用示波器观察 Q5 和 Q6 门级驱动信号波形，并算出逆变器的工作频率，填入表 6-1。

表 6-1 输入插座 3 脚和 Q5、Q6 门级驱动信号的波形

输入插座 3 脚	ON 时电平值	
	OFF 时电平值	
	Q5	Q6
波形	U、O、T 坐标轴	U、O、T 坐标轴
频率		

（2）测量输入插座4脚亮度，调整电压最亮、最暗和中间三个电压，并观察示波器对应的脉冲亮度，并计算出占空比，填入表6－2。

表6－2　输入插座4脚波形

项目	最亮	中间	最暗
插座4脚波形	U O T	U O T	U O T
占空比			

（3）测试背光灯两端口的工作电压（1 500 V左右），（根据条件选作）填入表6－3。

表6－3　输入插座4脚波形

背光灯管工作电压/V	背光灯管启动电压/V

（4）用万用表测U1的16脚电压，当拔掉一个灯管时，再测量电压值，此时有什么现象发生。

（5）短路U1的1脚观察有什么现象发生，为什么会出现这样的现象？

参 考 文 献

[1] 张博虎. 液晶电视原理与维修技术 [M]. 北京：国防工业出版社，2011.
[2] 韩广兴. 液晶、等离子体、背投电视机单元电路原理与维修图说 [M] 北京：电子工业出版社，2007.